# 生命信息系统
# 进化理论研究

Theoretical Research on the Evolution of
Life Information Systems

金新政 著

U0388106

人民卫生出版社
·北 京·

**图书在版编目（CIP）数据**

生命信息系统进化理论研究 / 金新政著 . –– 北京：
人民卫生出版社，2024. 12 –– ISBN 978-7-117-37423-1

Ⅰ. Q1-0

中国国家版本馆 CIP 数据核字第 20241YZ346 号

---

人卫智网　www.ipmph.com　医学教育、学术、考试、健康，
　　　　　　　　　　　　　　购书智慧智能综合服务平台
人卫官网　www.pmph.com　人卫官方资讯发布平台

---

生命信息系统进化理论研究
Shengming Xinxi Xitong Jinhua Lilun Yanjiu

著　　者：金新政
出版发行：人民卫生出版社（中继线 010-59780011）
地　　址：北京市朝阳区潘家园南里 19 号
邮　　编：100021
E - mail：pmph @ pmph.com
购书热线：010-59787592　010-59787584　010-65264830
印　　刷：人卫印务（北京）有限公司
经　　销：新华书店
开　　本：889×1194　1/32　印张：8.5
字　　数：198 千字
版　　次：2024 年 12 月第 1 版
印　　次：2025 年 1 月第 1 次印刷
标准书号：ISBN 978-7-117-37423-1
定　　价：59.00 元
打击盗版举报电话：010-59787491　E-mail：WQ @ pmph.com
质量问题联系电话：010-59787234　E-mail：zhiliang @ pmph.com
数字融合服务电话：4001118166　E-mail：zengzhi @ pmph.com

# 前言

我们正处于一个前所未有的时代,科技迅猛发展,生物技术和信息技术的结合为我们提供了研究生命的新方法和新工具。从基因编辑到人工智能,从大数据分析到合成生物学,这些技术的发展不仅加深了我们对生命科学的理解,也为医疗、农业、环境保护等领域带来了革命性的变革。

生命信息系统进化理论是综合生物学、信息科学、计算机科学和数学等多个学科的理论,旨在探索生命系统的信息本质和演化过程。本书的目的是探讨生命信息系统进化论这一跨学科领域的最新进展,以及它如何深刻地影响我们理解生命的方式和社会的发展进程。本书的编写旨在为读者提供一个全面的视角,了解生命信息系统的复杂性、动态性、演化特性,以及这些系统如何响应外部环境的变化,如何通过信息的传递、处理和存储来维持生命活动。

本书的每一部分都聚焦于生命信息系统进化论的不同方面。我首先会介绍生命信息系统的基本概念和理论框架,然后深入探讨生命信息的编码、传递、处理和存储机制。接下来,讨论这些信息系统是如何在不同生命形态中演化的,以及演化过程中的信息动力学。此外,我还将探索生命信息技术在实际应用中的变革力量,包括但不限于医疗健康、绿色农业、环境保护以及教育和文化传播等。

当然,在讨论科技进步的同时,我们也不能忽视伦理问题和社会责任。科技的发展带来了巨大的利益,但也伴随着风险和挑战。本书着重讨论了生命伦理、数据安全和隐私保护等重要话题,强调在推进科技创新的同时,必须谨慎考虑其对个人、社会和环境产生的负面影响。

《生命信息系统进化理论研究》不仅是一本科学探索的书籍,也是一本哲学和伦理思考的书籍,期望能激发读者对生命深层次理解的追求,对新技术应用的反思,以及对未来社会发展方向的思考。

作为一名生命信息系统进化理论的研究者,我深知这个领域的复杂性和挑战,但同时我也对这一领域的潜力和未来充满了期待。希望这本书不仅能为科学界提供新的洞见,也能激发公众对生命科学和信息技术的兴趣,增强我们面对未来挑战的能力和智慧。

我想对那些在生命科学和信息技术领域辛勤工作的科学家们表达深切的感谢和崇高的敬意,他们的无私奉献和创新精神是推动我们这一时代科技发展的强大动力。此外,我也要感谢所有为这本书的编写和出版作出贡献的人,包括我的同事、学生以及家人,他们的支持和鼓励是我不断前进的动力。当然,我也要感谢每一位读者,是你们的好奇心和求知欲推动了科学的不断进步,希望这本书能够为你们提供价值,激发思考,引领未来。

在这个信息时代,让我们共同探索生命的奥秘,携手迎接挑战,共同塑造未来。让我们并肩前进,探索生命信息系统的无限可能。

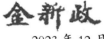

2023 年 12 月

# 目录

# 第一章

## 绪论

# 第一节　引言

在探索生命的奥秘和演化的历程中,查尔斯·达尔文的进化论无疑是科学史上一块重要的里程碑。本章旨在探讨达尔文进化论的核心观点及其对生物学和相关领域的巨大贡献,以及在现代科学发展中所展现出的局限性。

### 一、达尔文进化论的功绩和局限性

#### (一)达尔文进化论的主要观点

达尔文在其著作《物种起源》中首次系统阐述了自然选择理论,揭示了生物如何通过遗传变异和适应性特征的自然选择实现演化。他提出,所有生命形式都来源于一种或少数共同的祖先,经过长时间的演化过程,由简单生命形式逐渐演化为复杂多样的生命形式。这一过程中,自然选择作为主要的演化机制,是生物适应环境、生存和繁衍的关键。这一理论为生物学领域奠定了一个全新的科学框架,深刻地改变了人类对自然界的认识。

#### (二)达尔文进化论的重大贡献

达尔文进化论的最大贡献在于它为生物多样性的起源提供了科学解释,彻底改变了人类对自然世界的认识。它强调了物种之间的联系,揭示了生命在地球上的共同起源,促进了生物学从静态的分类学向动态的进化生物学的转变。此外,自然选择理论也为后来的遗传学、生态学和进化心理学等领域的研究提供了理论基础。

**(三)达尔文进化论的局限性**

达尔文的自然选择理论和适者生存(survival of the fittest)的概念,无疑是生物学最具革命性的观点,为生物的适应性和多样性提供了基本的解释框架。然而,随着科学知识的不断拓展,达尔文的原初理论在多个方面存在局限性。

**1. 基因、遗传和现代遗传学** 达尔文的时代还未发现遗传学的基本原理,他无法解释为什么特定的特征能被传递给后代以及如何传递。孟德尔的遗传学发现虽与达尔文的相关理论几乎同时提出,但二者的工作并未在探索进化中联结起来。现代遗传学证实了基因的存在,揭示 DNA 是遗传信息的基础,但也指出遗传不仅仅是父母通过繁殖直接传递给后代,基因突变、基因组重排等现象同样影响着进化。

**2. 表观遗传学和非遗传性因素** 达尔文在其理论中主要关注了遗传因素在适应中的作用,但现代生物学研究了解到表观遗传学同样对进化过程有重要影响。例如,生活方式和环境因素能够对基因表达产生即时影响,可被遗传的表观遗传标记也可能影响进化,如 DNA 甲基化和组蛋白修饰等。

**3. 物种概念的多样性和复杂性** 达尔文的进化论未充分考虑物种定义的复杂性。物种的界定在现代生物学中更加复杂和广泛,包括生态物种、形态物种、遗传物种等概念,但这些概念都不完全符合达尔文原有的物种观点。

**4. 群体和种群水平的进化动态** 达尔文强调个体与环境之间的相互作用,但在许多情况下,进化是在群体或种群水平上发生的。例如群体遗传学、遗传漂变、种群瓶颈和奠基者效应等,同样是影响物种进化的重要力量,但达尔文的理论在这方面却没有给予足够的关注。

**5. 性选择和遗传连锁** 达尔文虽然提出了性选择的概念,但对于费希尔失控(Fisher's runaway)和性状连锁如何影响适应性和物种形成的解释不足。现代理论,如"好基因"假说和性选择的复杂性需要结合遗传学原理来进一步理解。

**6. 地质和气候变化** 融合地质学数据,现代科学认识到地质和气候的变化在生物进化史上发挥了极其重要的作用,如冰期旋回对动物群落分布的影响。这些大尺度的变化影响了物种分布、栖息地可用性和种群动态,但在达尔文的理论框架中未得到充分体现。

**7. 非适应性进化** 达尔文的理论强调适应性进化,但现代进化生物学表明许多进化现象并非由适应性驱动,如中性进化和遗传漂变等,这些因素可以在不影响适应性的情况下引起基因频率的改变。

**8. 宏观进化过程与微观进化事件之间的联系** 达尔文的理论更多关注于微观进化是如何在短时间内通过自然选择发生的。然而,在宏观进化方面,包括物种形成和灭绝过程,达尔文阐释较少,需要整合古生物学的研究成果,对现代物种进行比较研究。

**9. 文化进化** 达尔文的进化论未解释文化进化。在人类进化中,知识的积累和文化传承在进化中起到至关重要的作用,这些基于非生物学传承方式的文化进化过程对达尔文理论的适用范围构成了一定的挑战。

## 二、生命信息系统进化论提出

### (一)生命信息系统进化论的提出背景

在生命的演变历程中,其所依存的信息系统也经历了复杂且曲折的进化道路。从单细胞生物到多细胞有机体,再到具有高度认知能力的人类,生命的每一次飞跃都伴随着信息处理能力的突破。传统的达尔文进化论以及现代分子生物学虽然揭示了生命形式演变的部分机制,但存在一些关键性的局限性,尤其是对于生命中信息流的生成、存储和处理的角色理解不足。

随着计算生物学、系统生物学和人工智能等领域的加速发展,生命信息系统进化论(evolution of life information systems,LISE)应运而生。它旨在把传统的生物学范式与新兴的信息科学理论紧密结合起来,提供一个新的视角来探索生命演化的深层机制。

**(二)生命信息系统进化论的主要观点**

生命信息系统进化论旨在从信息科学的视角重新审视生命的起源、发展与演化过程,其核心关注点在于:信息如何在生物系统中产生、传递、存储和优化,并在生物与环境的交互中驱动演化。不同于传统生物学单一聚焦于遗传基因或自然选择的框架,生命信息系统进化论强调生命现象的"信息本质",并力图整合遗传学、表观遗传学、系统生物学与认知科学等多个领域,为揭示生命的复杂性提供一种全新视角。

基于这一理论,生命信息系统的进化可以被理解为信息处理能力的不断发展和优化过程,其主要观点围绕信息在不同层次的产生、处理与应用展开,旨在揭示生命信息系统如何通过非线性、自组织和适应性机制,实现从分子层面到生态层面的演化。

**1. 信息的基本作用** LISE 认为,信息是生物系统内外部交流的基础,并同生命的物理实体一样重要。信息代指一切生物必须处理的数据,包括 DNA 序列、蛋白质结构、细胞信号、神经网络信号等。

**2. 进化的信息层面解释** LISE 将生命的进化界定为信息处理能力的进化。从某种角度看,生命演化的历程可以被看作是不断开发、维持和优化信息系统的过程。其中,DNA 的发现及复制机制的研究提供了最基本的分子层面上的信息复制方式,而复杂多细胞生物的出现又带来了更高级的信息整合和处理模式。

**3. 生命起源的信息视角** 从信息的视角重新审视生命起源,LISE 强调早期地球环境中化学进化过程中信息的形成和稳定性。在孤立的水体或气泡中,RNA 可能不仅扮演了遗传物质的角色,同时也作为一种原始的信息处理和传递系统。

**4. 遗传信息与表观遗传信息的整合** LISE 提出遗传信息不仅包括 DNA 序列,还有通过化学修饰、RNA 干扰等方式表现的表观遗传信息,并强调表观遗传层面上的变化和稳定性对进化的深远影响。

**5. 多层次信息网络的动态调控** LISE 强调了生命过程中不同层次之间的信息网络,如分子、细胞、组织、器官、系统、个体和种群层面的信息流动。这些网络在生物体内相互关联并形成高度动态的调控系统,它们决定了生物体对外界变化的适应能力。

**6. 非线性动态系统视角** 生命信息系统的演化被视为一个非线性动态系统,其中包括多反馈回路、噪声和突变性事件。在系统生物学框架中,这些复杂的相互作用产生大量数据,综合运用模型和仿真工具成为理解生命进化新的必要手段。

**7. 认知与信息系统的共同演化** LISE 还提出人类和其他一些高度社会化动物的认知能力,是在长期的进化过程中,与复杂的社会信息系统共同演化而来的。这一观点突破了传统视认知为大脑物理结构的直接产物的框架,引入了更多的文化和语言因素。

**8. 信息技术在生命研究中的应用** 借助信息技术的进步,LISE 主张通过大规模的数据收集和分析,来研究生命信息系统演化中的规律性。高通量测序、生物芯片技术以及人工智能在整合和解读生物信息方面扮演了关键角色。

**9. 信息传递的开放性及生物系统的可塑性** LISE 认为信息传递的开放性使得生物系统具有极大的可塑性,使其可以通过基因的横向转移、表观遗传效应及神经网络的重塑等多种方式应对环境压力,促进生命的多样性和适应性进化。

总的来说,生命信息系统进化论是一种尝试将生物学与信息科学跨领域整合的新兴理论。虽然该理论仍在发展阶段,但已经为我们理解生物演化中的复杂现象开辟了新的思考路径和研究方向。

### (三)生命信息系统进化论的创新之处

生命信息系统进化论通过整合生物学、信息科学和复杂系统理论,提出了一系列全新的理论视角和研究框架,为理解生命演化的多层次信息机制提供了重要创新。其核心创新在于强调信息在生物进化中的中心作用,并从基因组、表观遗传、神经网络及生态系统等多个层面揭示生命信息流动和优化的规律。以下是生命信息系统进化论的几大创新点,这些创新点也将在后文中详细阐述。

**1. 生命信息系统定义的重新界定** 引入跨学科的方法,融合计算机科学、量子生物学和神经科学等学科,结合传统生物信息学与复杂系统理论,提出一个全面的生命信息系统框架,将生命体理解为一个多层次的信息处理网络,涵盖从分子到生态系统的各个层面,强调信息的生成与存储、传递与处理、反馈与优化以及多层次系统的协同作用。

**2. 生命起源的信息角度解读** 探讨 RNA 世界假说中信

息复制与传播的角色,以及它们如何促进生命起源。描述生命最早期形态的信息处理机制,评估其对现代生命形式造成的长远影响。

**3. 基因表达调控新模型的开发** 开发数学模型,以便更精确地预测基因调控网络的行为。传统上,非编码 DNA 因不直接编码蛋白质被称为"垃圾 DNA",一度被认为没有功能。然而,研究表明,非编码 DNA 在基因调控中发挥着关键作用。新模型将非编码 DNA 纳入基因调控网络的研究范畴,描述其在基因表达和调控中的作用,挑战现有的"垃圾 DNA"观点。

**4. 生命信息系统进化自我设计理论** 生命信息系统进化自我设计理论是一种关于生物系统如何通过信息的演化和自我组织过程来设计和改进自身结构和功能的理论。强调生物系统内在的信息处理和反馈机制对于生命进化的重要性,提高生物系统在自我适应、自我组织和自我优化方面的能力。

**5. 非遗传信息在生物系统进化的作用** 非遗传信息在生物系统进化的作用理论是一种关于非遗传信息在生物进化中起到重要作用的理论。强调非遗传信息如环境信号、行为学习和文化传承等在生物进化过程中的影响和塑造作用,与传统的遗传变异理论相辅相成。

**6. 表观遗传信息的系统整合** 将表观遗传学与遗传信息系统紧密结合,探索历史环境暴露如何形成可遗传标记。分析表观遗传层面上的信息变化如何影响物种适应性和进化。

**7. 信号转导网络的演化动力学** 利用计算机模拟,分析细胞内信号网络随时间演化的进程和其适应环境的能力。提出细胞内信号传递进化的理论模型,重视多维数据集成和分析。

**8. 信息驱动生物进化理论** 信息驱动生物进化理论是在生物进化过程中,信息发挥驱动和塑造演化重要作用的理论。

从信息的角度出发解释生物进化的机制和模式,并强调信息与遗传、环境之间的相互作用。

**9. 微生物群落的信息交流机制** 探讨微生物与宿主之间的信息传递,尤其是人体微生物组如何通过化学信号与宿主互动。详细阐述菌群间的竞争与协同作用如何通过生物通信网络实现。

**10. 遗传漂变理论** 遗传漂变是生命信息系统中的一种重要的微观进化机制,是指在生物种群中随机发生的基因频率变化现象。遗传漂变理论旨在揭示遗传漂变与自然选择之间的关系,以及遗传漂变如何在基因库的转变和物种演化中起着不可忽视的作用。

**11. 神经信息网络的进化发展** 分析大脑结构及功能演化中的信息处理模式。研究神经元如何通过突触联系传递、整合和处理信息,以及这个过程如何随时间而发生改变。

**12. 信息的量子生物学视角** 结合量子力学原理与生物学,探讨在分子水平上信息如何以超越传统的方式进行传递。探索量子相干和纠缠在细胞信号传递与基因调控中的潜在作用。

**13. 生物信息学与人工智能的结合** 利用人工智能和机器学习技术分析大规模生物数据,揭示生命进化的复杂模式。开发先进的算法模型,进行基因组学、蛋白质组学和转录组学等领域的研究。

## 三、生命信息系统进化的理论基础

### (一)生命的信息性

生命的信息性是指生命活动的各个环节都汇集成一个具有高度复杂信息处理能力的系统。在 DNA 中,以碱基对序列的形式存储着生命的所有信息,这些信息通过转录和翻译的方式,生成 RNA 和蛋白质,驱动生命体的所有活动。同时,环境的变化作为信息输入,经过生物体内部的网络调控,最终表现为各种生物体的行为或表型变化。因此,生命的本质是信息的获取、存储、处理和传递。

**(二)信息系统理论**

信息系统理论强调了信息和系统之间的相互作用。一方面,信息在各个层次的系统中流动与传递,信息处理能力决定了系统的功能;另一方面,系统的结构调控信息流动的方式,极大地影响了信息处理的效率和准确性。生命信息系统进化论借鉴了信息系统理论的研究,将生命看作一种特殊的信息系统,信息是驱动生命活动的主要力量,生命的各个层次,如生物体、组织、细胞、基因,都可以被看作是关联的,是具有不同信息处理能力和功能的信息子系统。

**(三)复杂系统理论**

复杂系统理论是一种研究复杂、高度非线性的系统结构和行为的科学理论,它强调了系统的整体性和多层次性。生命的特性表现在其极度的复杂性和整体性上,生命体不只是部件的简单相加,而是一个不可约化的整体。生命信息系统进化论透过复杂系统理论的镜头,将生命视为一个多层次、自适应和逐渐演化的复杂系统。

生命具有多层次性,从基因、细胞、组织、器官、个体、种群到生态系统,都有各自的结构和功能,并且各层次之间存在互相影响的动态关联。生命具有自适应性,通过自然选择,有利于生存和繁殖的基因类型和行为方式被保留下来,而不利的则被淘汰,使得生命体可以适应环境的变化。对于生命的演化,个体通过生殖,将自己的遗传信息传递给后代,与此同时,个体的遗传信息又在复制和变异的过程中不断波动和演变,使得生命体在长时间尺度上发生结构和功能的变化。

总的来说,生命信息系统进化论将生命的信息性、信息系统理论以及复杂系统理论有机结合起来,形成一种具有深度的、能够对生命进行动态描述和预测的全新理论视角。

## 四、生命信息系统进化理论的理论意义

生命信息进化论是研究在进化过程中,生物体内信息传递和处理如何形成、发展和优化的科学理论。这一理论的出现不仅丰富了生物学领域的研究内容,为生物学的发展提供了新的视角,而且对人类社会的发展也产生了深远的影响。本节将从以下几个方面阐述生命信息进化论的理论意义。

### (一)揭示生物体内信息传递和处理的基本规律

生命信息进化论关注生物体内信息传递和处理的过程,通过对生物体内的各种信息分子、信号通路、神经网络等进行系统分析,揭示了生物体内信息传递和处理的基本规律。这些规律包括:信息的传递和处理具有高度的组织性和协调性;信息的传递和处理受到严格的调控;信息的传递和处理在不同层次上表现出多样性和复杂性等。这些规律为我们深入理解生命的本质提供了重要的理论基础。

### (二)解释生物体结构和功能的进化机制

生物体的结构和功能是在长期的自然选择过程中逐渐形成的。生命信息进化论从信息传递和处理的角度,解释了生物体结构和功能的进化机制。例如,生物体的感知器官、运动器官、神经系统等结构的形成和发展,都是为了更好地获取、传递和处理信息。生物体的各种功能,如代谢、繁殖、适应环境等,也是在信息传递和处理的基础上实现的。通过揭示生物体结构和功能的进化机制,生命信息进化论为我们认识生物体的多样性和复杂性提供了重要依据。

## （三）指导生物技术和医学的研究与实践

生命信息进化论的研究成果为生物技术和医学的研究与实践提供了重要的理论指导。例如,通过对生物体内信息传递和处理过程的研究,我们可以发现新的生物技术方法,如基因工程、蛋白质工程等,以提高生物体的生产效率、抗病能力等。在医学领域,生命信息进化论为疾病的诊断和治疗提供了新的思路。例如,通过对疾病相关基因的信息传递和处理过程的研究,我们可以发现疾病的发生机制,从而开发出更有效的治疗方法。

## （四）促进人工智能和认知科学的发展

生命信息进化论关注生物体内信息传递和处理的过程,这一过程在很大程度上类似于计算机中的信息处理过程。因此,生命信息进化论的研究成果为人工智能和认知科学的发展提供了重要的启示。例如,通过对生物体内信息传递和处理过程的研究,我们可以发现新的计算模型和方法,以提高计算机的信息处理能力。同时,生命信息进化论还为认知科学提供了一个重要的理论基础,有助于我们更好地理解人类的认知过程和智能行为。

## （五）推动人类社会的可持续发展

生命信息进化论的研究成果对人类社会的可持续发展具有重要意义。首先,通过对生物体内信息传递和处理过程的研究,我们可以更好地理解自然界的生态平衡和资源利用,从而制定更加合理的资源开发和环境保护政策。其次,生命信息进化论为生物技术和医学的发展提供了理论指导,有助于提高人类的生活质量和健康水平。最后,生命信息进化论为人工智能和认知科学的发展提供了启示,有助于我们更好地利用信息技术,推动社会的进步和发展。

### (六)促进跨学科研究的发展

生命信息进化论是一门涉及生物学、计算机科学、物理学、化学等多个学科的交叉学科。这一理论的出现促进了各学科之间的交流与合作,推动了跨学科研究的发展。例如,生物学家可以借鉴计算机科学家在信息处理方面的研究成果,以更深入地理解生物体内信息传递和处理的过程;计算机科学家可以借鉴生物学家的研究成果,以更好地模拟生物体内的信息处理过程。此外,生命信息进化论还可以为其他领域的研究提供新的理论框架和方法,从而推动整个科学领域的进步与发展。

### (七)为未来科学发展提供理论支持

生命信息进化论作为一门新兴的交叉学科,具有很强的发展潜力。随着科学技术的不断进步,我们对生物体内信息传递和处理过程的认识将不断深化。在此基础上,生命信息进化论将继续拓展研究领域,为未来科学发展提供理论支持。例如,通过对生物体内信息传递和处理过程的研究,我们可以更好地理解生物体的遗传、发育、适应等基本问题;通过探索生物体内信息传递和处理的普遍性原理,我们可以为研究其他非生物系统(如人工系统、生态系统等)提供借鉴和启示。总之,生命信息进化论将为未来科学研究提供重要的理论支持,推动科学的不断发展与进步。

# 第二节 生命信息系统进化的定义与背景

## 一、信息系统进化的概念与意义

### (一)信息系统进化的概念

**1.信息系统的定义** 信息系统指的是由信息处理设备

（如计算机、生物体）、人（或其他智能主体）及其活动（程序、算法）组成的有序整体，旨在完成特定的信息处理任务，例如信息的获取、储存、处理和传递等。在生物界中，每一个生物体都可以被视为一个信息系统，其中包括多个子系统，如基因、细胞、组织、器官等，它们之间共同协作，以实现生命活动的全局协调。

简单地说，信息系统是一种组织的方式，通过其中信息即可实现和管理各种活动。在生物体中，这是由 DNA、RNA 及各种细胞蛋白质等构成的，以遗传、复制、表达和调控细胞功能为主导的信息处理系统。这些信息处理系统从一个世代传导到下一个世代，并在此过程中发生着不断的改变和优化，我们称之为进化。

**2. 进化的定义**　进化本身可以理解为一个过程，它包括个体的生长、发育，种群的繁殖、死亡和种群数量的变化等多个方面。在生物学的语境下，进化指的是物种基因组构成和频率的改变，这个过程会导致物种形态的变化，习性的改变，以及生存和繁衍能力的改善。

**3. 信息系统进化的含义**　系统进化是指系统在历史长河中不断接收、整合新的信息，并通过与环境的交互，根据效用原则进行选择性保留或淘汰，从而使得系统的结构、功能、行为等特性在长期积累下得到优化和提升。信息系统进化是指信息系统在时间尺度上通过信息的积累、整合和改变，以及对环境压力的适应反应，对其结构和功能进行动态调整的过程。对于生命信息系统而言，这意味着包括基因、细胞、生物体等各个层面的信息单位在面临环境变化时，能够通过自我复制、变异和自然选择等方式，进行生存优势的提高，从而实现对环境的适应。

生命信息系统的进化是指生命信息系统通过自然选择、

突变、基因重组等机制,从一个状态逐渐转变为另一个状态的过程。这个过程使得生命信息系统的结构、功能和行为发生了持久性和积累性的改变。这个过程是长期的、复杂的,只有通过大量的实证研究,我们才能理解和解释这个过程。在这一过程中,生物体可能会形成新的独特的特性,或是保留下先前有利的特性,同时丢弃对生存不利的特性。例如,生物体中的某个基因发生了突变,如果这个突变提高了生物体的生存和繁衍能力,那么,这个基因的变异就有可能被保留下来,从而成为该生物体精神物质的一部分。

通过对生命信息系统进化的深入理解和研究,我们不仅可以理解生命是如何从简单的单细胞生物演变为如今的多细胞生物,还可以解答生物多样性来源、疾病源头、遗传规律等生物学的核心问题。这对于我们理解生命的本质、开发和使用生物技术以及保护我们生活的地球环境都具有重要的意义。

**(二)信息系统进化的重要性**

1. 对理解生物系统的作用  信息系统进化的研究对我们理解生物系统具有根本性的重要性,通过研究生命信息系统如何适应外部环境的变化、如何在内部进行自我调节和优化,我们能够深入理解生物体内部复杂机制的工作原理。例如,通过研究遗传信息的传递和表达机制,科学家们可以揭示生物体发展和疾病发生的分子基础,从而为生物医学研究和应用提供理论基础。

2. 对人类社会的影响  生命信息系统进化的知识不仅仅局限于科学领域,它还对人类社会产生了深远的影响。在农业生产中,通过理解作物的遗传进化机制,我们能够培育出更适应环境变化、病虫害和干旱的新品种,从而提高粮食产量和质量。在医疗健康领域,通过研究人类及病原体的遗传进化,科学家们可以开发出新的疾病预防、诊断和治疗方法，提高人类的健康水平和生活质量。

**3. 对科学研究的推动**　生命信息系统进化的研究还推动了科学技术的发展和创新。随着生物信息学、基因组学和系统生物学等领域的兴起，研究人员可以利用高通量测序、生物信息处理等现代技术手段，对生命信息系统进行更深入、更广泛的研究。这不仅加快了新知识的发现，还促进了跨学科研究方法的发展，为解决复杂的生物学问题提供了新的思路和工具。

生命信息系统的进化是理解生命本质、探索生命起源和演化以及促进生物学和相关学科发展的关键。通过对这一进程的研究，我们不仅可以揭示生命多样性的秘密，还可以解决与健康、环境、社会发展相关的许多问题。随着科学技术的进步，我们对生命信息系统进化的理解将不断深化，这将为人类社会的可持续发展提供强大的科学支持和技术保障。

**（三）信息系统进化的研究方法**

科研人员采用多种方法研究生命信息系统的进化，其中包括系统动力学方法、网络科学方法和计算生物学方法等。结合这些方法可以让我们更好地理解信息系统进化的过程与机制。

**1. 系统动力学方法**　系统动力学方法是一种建模方法，它采用微分方程描述系统中各个组成部分的相互作用。在生命信息系统的研究中，科研人员通过建立动态模型，模拟DNA、RNA和蛋白质等生物分子之间的相互作用，以此来了解其交互作用的动力性质和研究基因表达、蛋白质组态，在进化过程中的变动。这种方法可以揭示生命信息系统在时间维度上的进化特性，如周期性变化、稳定态、混沌态等。

**2. 网络科学方法**　网络科学方法是用图论等数学工具，

对复杂网络的结构和功能变动特性进行研究的方法。在生命信息系统的进化研究中,科研人员利用网络科学的方法,如基因调控网络、蛋白质互作网络、信号转导网络等,研究它们的拓扑结构、模块性质,以及在进化的过程中如何改变。这种方法可以帮助我们理解生命信息系统在空间结构上的进化特性,如节点度数分布、聚集系数、网络路径等。

**3. 计算生物学方法**　　计算生物学方法通过计算机科学技术和统计工具来解析和解释生物信息数据,这种策略在生命信息系统的进化研究中占有重要地位。使用高通量测序技术生成的大规模基因组数据,需要复杂的计算和统计分析进行处理和解读。利用比对、聚类、预测等计算方法,可以将生物分子序列转换成具有生物学意义的进化信息,如基因家族、进化树、共线性区段等。

这些计算和模拟方法联合使用,可以塑造出更为逼真的进化情景,有效地推动生命信息系统进化的研究。有了这些工具,我们才能开始理解和解释生命的各类现象,从基因变异的微观机制,到生物种群变动的宏观过程,以及生物资源的有效利用,都离不开这些研究工具。

## 二、信息系统进化的基本原理

### (一)信息传递与处理

信息传递与处理是信息系统进化的基础过程。在生命体中,信息以基因的形式存储,通过转录、翻译的过程转化为 RNA 和蛋白质,实现信息的物质层面的表达。基因的信息通过复制进入下一代,同时在复制过程中会发生随机性的变异,产生新的信息。这个过程可视为信息的传递,并且在信息的传递过程中,通过自然选择机制,有利于生存和繁殖的信息被优先保留,这是信息的处理。

## （二）系统适应性与自组织性

系统适应性是信息系统对外部环境变化作出积极响应的能力,具备高度排异性和自我调控性,使得系统能在一定范围内保持稳定。自组织性则体现在系统内部,是系统各部分基于局部规则和相互作用,形成有序且稳定状态的能力,同时为系统产生新的结构和功能提供了可能。在生命体中,自然选择推动了生命体对环境的适应,而遗传、变异和表达调控保证了生命体的自组织。

## （三）系统演化的动力机制

系统演化的动力源于信息的变异和自然选择。变异是信息内容变化的源头,是生命系统产生多样性,不断向前演进的基础。自然选择则是信息系统进化的动力机制,它基于效用原则,选择筛选适应环境的信息,淘汰不适应环境的信息,从而使信息系统不断优化。在生命信息系统中,变异多发生在基因复制过程中,自然选择则体现在物种适应环境、繁衍后代的过程中。

# 三、生命信息系统的进化模式

## （一）生命信息系统的组成结构

生命信息系统的组成结构包括生物体的基因组、表观组和生态组等,这三个层面的信息相互影响,共同指导生命体的发展和演变。

**1. 生物体的基因组**　生物体的基因组是指一个生物体拥有的所有遗传信息,包括所有的基因和非编码序列等。基因组信息不仅决定了生物的物种属性,例如形状、大小、颜色等物理特性,也决定了生物的生理和生化功能,例如新陈代谢、免疫反应等。基因组的变异和自然选择是生命信息系统进化的基础过程。其中,基因组的变异为自然选择提供了供选择的物质基础,自然选择则决定了生存和繁衍,使优质的基因能够进一步扩散到种群中。

**2. 生物体的表观组** 生物体的表观组是由所有的表观遗传信息组成,包括 DNA 甲基化、组蛋白修饰、染色质重塑等。表观遗传信息是对基因组作用的调控,它不改变基因序列,但能影响基因的表达。表观组的变化还反映了环境因素对生命信息的影响,生物的环境条件、营养状态、情绪状态等都可能导致表观组变化,从而影响生命体的状态和功能。

**3. 生物体的生态组** 生物体的生态组是指一个生物体在特定环境中与其他生物体的交互关系以及环境因素对生物的影响。生态组的概念突破了单一生物个体的限制,强调种群和群落的角色以及环境的影响,为理解生物多样性和演化提供了更宽广的视角和丰富的资源。生态组的变动,如种间关系的变化、环境压力的变动等,都会影响基因组和表观组,从而导致生物体的演化。

**(二)生命信息系统的进化过程**

**1. 遗传变异与选择** 遗传变异是生物演化的重要动力和基础,因为遗传变异的存在,自然选择更有可能发挥其筛选作用。遗传变异可以带来基因型和表型的多样性,为种群提供应对环境变化的可能性。变异过程包括基因突变、基因重组、基因转移等,它们可以增加基因型的变异和多样性,也可以带来新的组合和可能性。自然选择根据每一种变异对生物体生存和繁殖的影响进行选择,有利的变异更可能被保留和传递到下一代。

**2. 自然选择** 自然选择是进化的主要驱动力之一,它通常从众多的遗传变异中选择在特定环境下更有利于生存和繁殖的特征。通常来讲,自然选择在不确定和可变的环境中发挥关键作用,选择适应当前环境的个体,而排除适应程度较低的个体。这一过程使得生物种群具备更强的适应性,也推动了生物多样性的进化。

**3. 协同进化与社会性进化** 协同进化是指两种或多种种群因为长期的共生或者相互作用,它们之间发生相互影响,通过自然选择,逐步形成有利的适应关系。社会性进化是指群体内的个体之间通过社会行为的方式,如组织、合作、竞争,形成对环境有利的共同应对策略,推动整个种群的进化。在生命信息系统的演化过程中,协同进化和社会性进化起着重要的作用,从大的方向上影响和引导生命体的发展方向。

**(三)生命信息系统的进化模式分类**

生命信息系统的进化模式与种群进化模式紧密相关,因为生命信息系统是在种群层面上通过遗传信息的传递和变异而演化的。以下是生命信息系统进化的几种模式,每种模式都体现了种群层面的进化特点。

**1. 线性进化模式** 线性进化模式是最简单和最直观的进化模式,一种形态从一个阶段到下一个阶段的变化过程呈现出连续性和一致性。遗传变异和自然选择连续不断地发生,某一种有利的基因或者特性被更有效地传播和遗传,形成一个山脊状的进化过程。它假设生物种群的最优适应度会经历一个逐步提高的过程,而这个过程会随着环境的变化而发生改变。线性进化模式常常在稳定环境下的生物群体中被观察到。在生命信息系统中,这种模式可以通过基因的逐步改良来体现,例如在细菌种群中,由于抗生素的选择压力,抗性基因逐渐积累和强化,表现出线性的进化过程。

**2. 非线性进化模式** 非线性进化模式则是由环境压力或者种群内部作用引发,导致种群在一定时间范围内短暂地停滞,随后再次蹿升或者呈渐进式进化。诸如振荡、周期性、混沌等动态行为是非线性进化模式的重要特征。非线性进化往往是在动态、复杂、非平衡的环境下产生的,例如生态系统内的相互作用、种群的竞争、环境条件的改变等。在生命信息系统中,这种模式可以通过基因表达的快速变化来体现,例如在干旱环境中,某些植物可能迅速调整其基因表达模式,以适应新的环境条件。

**3. 分支进化模式** 分支进化模式是指一个祖先种群分裂出多个子种群,每一支线都表现出不同的适应能力和发展趋势。分支进化可能由多种因素引发,包括地理隔离、自然选择、种群内部的行为变化等。随着时间的推移,隔离的群体可能会演化出新的物种,形成新的适应策略。分支进化与生物多样性的产生密切相关,因为分支后的种群具有不同的生存环境和遗传变异,自然选择导致每一支线都有自己独特的生物特性和进化趋势。在生命信息系统中,这种模式可以通过基因组的分化来体现,例如人类与黑猩猩虽然有着共同的祖先,但在进化过程中,两个物种的基因组发生了不同的变异和适应,形成了各自独特的生命信息系统。

# 第三节 生命信息系统进化的研究现状与挑战

生命信息系统是一种经由生命过程塑造并不断演变的信息处理系统,其不仅包括 DNA、RNA 以及蛋白质等遗传信息的存储与表达,还涵盖了细胞信号转导网络、表观遗传修饰、非编码 RNA 的调控作用、代谢信息流、神经系统的复杂交互以及微生物群落间的通信等多个层面,这些系统共同构成了一个复杂而精细调控的生命信息网络,它们相互作用和协调,使得生物体能够适应和响应不断变化的内外环境。

## 一、生命信息系统进化的研究现状

生命信息系统可以被视为生命体在漫长进化过程中,为了更好地存储、处理和传递生物信息而形成的复杂而精妙的系统。这个系统不仅有助于生物个体内部信息的同步,也是生物间相互沟通与环境交互的基础,其中包括遗传信息的存储(如 DNA)、信息的转录与翻译(如 RNA 和蛋白质合成),以及神经系统的信息处理等多个方面。该领域的研究旨在深化我们对生命信息储存、流转和实现其功能的认知,并揭示这些信息系统如何随着时间进化至今天这一高度复杂的局面。当前的研究现状展现了这一领域多学科交叉的特性,包括分子生物学、计算生物学、神经科学、进化生物学等多个方面的紧密结合。

**1. 生命信息系统的发展历程** 首先,需要梳理的是生命信息系统发展的历程。从最简单的原核生物到高度复杂的多细胞真核生物,生命信息系统的进化可被分为若干重要的发展阶段。

第一个阶段是遗传信息原始存储方式的出现。1986 年提出的 RNA 世界假说中表明,最初的生命信息系统可能是以 RNA 分子为载体进行信息存储和催化反应的。RNA 不仅承载着遗传信息,还能够触发生化反应,使得遗传物质的复制和新蛋白质的合成可能。这个阶段信息的操作非常简单,只能满足最基本的生命活动要求。

第二个阶段是 DNA 的利用,这标志着稳定高效的生命信息存储方式的形成。DNA 相对于 RNA 来说拥有更高的稳定性,能够保持更长时间的信息准确传递。DNA 的双螺旋结构和修复系统进一步提高了遗传信息存储的精确性和稳定性。

随后,进化的第三个阶段是生殖方式的多样化和单细胞生物向多细胞生物的过渡。性生殖的出现极大地促进了基因的重组,加速了遗传变异的产生。而多细胞生物的出现,则进一步细化了细胞的功能分化和组织形成,这对信息系统提出了更高的要求,包括细胞间信息沟通和协调机制的建立等。

此外,生命信息系统的发展还包括信号转导的复杂化,这涉及细胞内外的信息传递网络。神经系统的出现和发展是最引人注目的进化成就之一。神经系统的复杂化不仅能够支持信息在生物体内的高速传输,还能存储大量的信息,提供对环境的快速反应能力。在动物界,尤其是在脊椎动物中,神经系统的进化达到顶峰,形成了复杂的中枢和外周神经系统,并最终在人类这一分支产生了高度发达的大脑和认知能力。

科技发展为生命信息系统的研究带来了质的飞跃。20世纪末至21世纪初,基因组学、蛋白组学和计算生物学的兴起,标志着我们对生命信息系统有了更加深入的了解。基因编辑技术的进步,如CRISPR/Cas9系统,使得科学家可以精确地进行基因修饰。随着数据科学的进展,大数据分析和生物信息学已成为理解生命信息系统及其演化的新工具。

总之,生命信息系统从原始的自催化RNA分子到当今高度复杂的神经网络和遗传调控网络的演变历程,展现了生命本身如何适应环境,提高生存和繁殖成功率的非凡智慧。未来的研究将更加深入地探索这些信息系统如何相互作用,它们如何驱使着生物进化,并影响着生物多样性的产生和维持。这些研究不仅对生物学理论有重要意义,也为医学、农业,甚至人工智能等领域提供了新的视角和方法。

**2. 生命信息系统的主要研究成果**　在理解生命信息系统及其演化方面,科学界已经取得了一系列重要的研究成果,这些成果反映了从基因到个体再到种群层面生命信息处理和传递机制的复杂性和演变过程。

(1)基因和基因组水平的研究成果:DNA双螺旋结构的发现及其遗传信息编码方式为分子遗传学奠定了基础。对基因表达调控的基本原理进行解析,如启动子、增强子以及其他调控元件的功能。另外,全基因组测序技术深入研究了进化历程中基因组的变化、基因家族的扩张缩减以及基因的功能发育。表观遗传学揭示了遗传信息外的调控层次,如 DNA 甲基化和组蛋白修饰对基因表达产生的影响。并且对基因剪接多样性和非编码 RNA 的研究,展示了转录后水平上对遗传信息的精细调节。

（2）蛋白质和代谢途径水平的研究成果:对蛋白质结构与功能的关系研究,通过 X 射线晶体学、核磁共振（NMR）等技术解析了数以万计的生物大分子三维结构,并研究了蛋白质间相互作用网络及其参与的细胞核心信号转导途径。此外,对酶的活性调控和代谢网络进行研究,揭示了细胞内环境物质与能量转换的高度优化和调整能力。

（3）细胞和系统水平的研究成果:探究细胞信息处理和信号转导的机制研究,包括跨膜受体的激活、GTP 酶和蛋白激酶的调节作用。明确了细胞周期和细胞分化的精确调控,以及其与癌症等病理状态的关联。此外,系统生物学方法的发展使研究者能够整合多种类型的实验数据,并通过计算模型来理解生物复杂系统的行为。

（4）个体和种群水平的研究成果:利用生态遗传学和群体遗传学结合现代遗传学原理,研究物种和种群的演化动态,以及环境变化对它们遗传结构的影响。在进化发育生物学（evolutionary developmental biology,evo-devo）的框架下,对干细胞与细胞命运决定、遗传变异、表型多样性以及模块化发展进行研究。并且对基因网络和表型可塑性地进行研究,探讨了不同环境条件下生物如何调节其遗传信息的表达来适应变化。此外,生命信息系统的研究还渗透到生态系统级别的交互作用中,如微生物群落如何通过代谢产物和信号分子相互通信并与宿主协同作用。随着技术手段的日益进步,未来的研究将进一步揭示生命信息系统在时间和空间尺度上的演化规律，以及这些系统如何响应环境压力和促进生物适应性的提高。

**3. 生命信息系统的主要研究方法**　在研究生命信息系统时，科学家们采取了多种不同的研究方法来解析复杂生物体内部如何处理和传递信息。以下是一些关键的研究方法：

（1）分子生物学技术：这是探索生命起源和进化至关重要的方法。包括 PCR、凝胶电泳、Southern 印迹法、Northern 印迹法等方法用于检测和分析 DNA、RNA。

（2）生物信息学：收集和整合大量生物数据，通过计算模型和算法分析生物大分子之间的交互、功能注解和生物过程的调控。

（3）系统生物学：整合生物信息学、数学建模与实验数据，从系统层面理解生命信息系统的动态性和复杂性。

（4）基因组学和遗传工程：利用全基因组测序、基因编辑等技术，科学家可以读取和修改遗传信息，以及探讨特定基因对生物功能和表型的影响。

（5）转录组学：使用高通量测序技术（例如 RNA-Seq）来分析细胞中所有 RNA 分子的表达水平，揭示基因被激活和抑制的调控网络。

（6）蛋白质组学：质谱等技术使研究者能够对细胞内所有或特定蛋白质鉴定和定量，以揭露生物体在特定条件下的功能状态。

（7）代谢组学：利用 NMR、气相色谱 - 液相色谱联用技术，研究生物体内的小分子代谢物，梳理能量转换和物质代谢的网络。

（8）功能基因组学：结合遗传学、逆向遗传学和正向遗传学方法来探究基因的功能和相互作用。

（9）比较基因组学：比较不同物种的基因组序列，研究基因和基因组在进化过程中的变化模式。

（10）单分子技术：实时观察单个生物大分子（如 DNA、RNA 或蛋白质）的行为，从而分析其在生命过程中的作用。

（11）细胞成像技术：应用荧光显微镜、电子显微镜等工具观察细胞及分子在细胞内的空间分布和动态变化。

（12）表型分析：通过比较基因型与表型之间的关系，研究基因如何决定生物体的形态和功能。

这些研究方法使我们能够从不同层次上理解和探索生命信息系统是如何进化和运作的，从分子到细胞、器官、个体乃至整个生态系统。精确的实验设计、强大的数据支持和深入的理论分析串联起这些方法，共同推动着生命信息系统进化论的研究前沿。

## 二、生命信息系统进化的挑战

**1. 数据获取与处理的挑战** 在生命信息系统进化的研究中，数据获取与处理是一个巨大的挑战。随着生物技术的进步，我们能够获取到前所未有的大量生物数据，包括基因序列、蛋白质表达数据、细胞内信号转导路径等。然而，如何从这些庞大且复杂的数据中提取有价值的信息，需要高效且精确的数据处理技术。此外，数据的存储、管理和共享也需要高标准的信息技术支持，确保数据的可访问性、可重用性和可扩展性。

**2. 模型建立与验证的挑战** 生命信息系统的进化模型建立和验证是另一个重要挑战。由于生命系统的高度复杂性和动态性，建立能够准确模拟生物系统行为的计算模型非常困难。这些模型需要准确反映生物系统内部的相互作用和外部环境的影响。此外，模型验证也是一个重大挑战，需要大量的实验数据来支持模型的预测结果,不仅耗时耗力,而且在某些情况下还面临技术上的限制。

**3.理论研究与应用实践的挑战**　生命信息系统进化的研究还面临着将理论研究转化为应用实践的挑战。虽然理论研究可以提供深刻的洞见和新颖的概念,但将这些理论应用到实际问题中,如疾病治疗、生态保护和生物技术开发等,需要跨越多个领域的知识和技术。此外,应用实践还需要考虑伦理、法律和社会接受度等因素,这些都是将理论成果转化为实际应用时必须面对的挑战。

总之,生命信息系统进化的研究是一个充满挑战的领域,涉及数据科学、计算建模、理论研究和应用实践等多个方面。尽管面临诸多挑战,但随着科技的进步和跨学科合作的加强,我们有望克服这些难题,深化对生命信息系统进化的理解,并将这些知识应用于解决人类面临的健康、环境和社会问题。未来,通过持续的研究和创新,我们可以预见在生命信息系统进化的理论与实践方面将取得更大的进展,为人类社会的可持续发展作出更多贡献。

## 三、生命信息系统进化的未来展望

**1.生命信息系统的发展趋势**　随着科技的不断进步,特别是在生物技术和信息技术领域,生命信息系统的研究迎来了前所未有的发展机遇。未来,我们可以预见以下几个重要的发展趋势。

(1)多学科的研究方法的集成:生命信息系统的复杂性要求我们从多个角度和层面进行理解和研究。因此,生物学、计算科学、数学、物理学等多学科的集成将成为未来研究的主流。

(2)高通量技术的进一步发展:随着高通量测序技术、单细胞测序技术的进一步发展,我们将能够以更高的分辨率和更低的成本获取生物信息数据,推动个性化医疗和精准医学的发展。

(3)大数据与人工智能的应用:生命信息系统产生的大量数据需要有效地分析和管理。人工智能和机器学习等技术的应用将大大提高数据处理和分析的效率和准确性,推动生命科学的研究进入新的阶段。

(4)系统生物学和合成生物学的融合:系统生物学的全局观点和合成生物学的创造性方法相结合,将为我们理解和重构复杂的生命信息系统提供新的策略和工具。

**2. 生命信息系统的研究方向** 未来的生命信息系统研究将不仅深入探索生物复杂性的本质、生物信息的存储与传递机制、疾病机理与治疗策略以及生态系统和环境的相互作用,而且还会拓展到与人工智能的结合、农业领域的应用,以及多学科交叉融合的新领域。这些研究方向不仅有助于我们更好地理解生命的本质,还将推动医疗健康、环境保护和农业科技的进步。

(1)生物复杂性的本质:深入研究生命系统的复杂性,探索生命的本质,解析生物多样性的来源和生命形式的多样性。例如通过分析细胞内信号网络的动态变化来理解生物体如何响应环境刺激。

(2)生物信息的存储与传递机制:研究 DNA、RNA 等分子如何存储和传递遗传信息,以及这些信息如何在细胞和生物体中被读取和执行。例如研究长非编码 RNA 在基因表达调控中的作用。

(3)疾病机理与治疗策略:通过生命信息系统的研究,深入了解疾病的分子机制,开发新的诊断方法和治疗策略,尤其是针对癌症、遗传性疾病和老年性疾病,例如利用基因编辑技术治疗遗传性疾病。

（4）生态系统和环境的相互作用：研究生物信息系统在生态环境中的作用，探索生物与环境之间的相互作用机制，例如微生物群落如何影响土壤健康和植物生长，以及如何通过生物技术改善生态环境。

（5）生命信息系统与人工智能的结合：利用机器学习和人工智能技术来分析复杂的生物信息数据，例如通过深度学习模型预测蛋白质结构和功能。

（6）生命信息系统在农业领域的应用：研究如何通过基因编辑和合成生物学技术改良作物，提高作物的抗病性、耐逆性和营养价值。

（7）多学科交叉融合研究：推动生物学、计算机科学、物理学等学科的交叉融合，例如开发新型生物传感器和生物计算平台，以解决复杂的生物医学问题。

**3. 生命信息系统的应用前景**　生命信息系统的研究不仅是理论上的探索，它还将在多个领域有着广泛的应用前景。

（1）医疗健康：通过对生命信息系统的深入理解，可以推动个性化医疗和精准医疗的发展，为疾病预防、诊断和治疗提供新的策略。例如，通过分析肿瘤细胞的基因组，为癌症患者设计定制化的治疗方案，使用基因测序技术识别特定癌症的突变基因，从而选择针对性的靶向治疗药物。

（2）生物技术：合成生物学和基因编辑技术的应用将为生物制药、农业改良、环境修复等领域带来革命性的变化。未来的生命信息系统研究将推动生物技术的创新，实现对生物系统的高效控制和优化，为人类带来更多的福祉。例如，通过基因编辑技术改良作物以增强其对疾病的抗性或改善营养价值，如抗虫害的转基因玉米和富含 β-胡萝卜素的"黄金大米"。

（3）环境保护:生命信息系统的研究有助于我们更好地理解生物在自然生态系统中的作用,包括它们对环境变化的响应和调节机制。这将为生物多样性保护、生态恢复和全球气候变化的应对提供科学依据和有效策略。例如,通过分析微生物群落的变化来评估污染对生态系统的影响,并开发生物修复技术,如利用细菌清除土壤中的重金属污染。

（4）可持续发展:通过对生命信息系统的深入理解和应用,我们可以开发更加环保和高效的生物制造技术,例如,通过合成生物学生产生物燃料,如利用工程微生物将植物生物质转化为可再生的生物柴油,减少对化石燃料的依赖,促进可再生资源的利用,为实现经济发展与环境保护的双重目标贡献力量。

（5）教育和科普:随着生命信息系统研究的进展,人们对生命现象和生物技术的理解将会更加深入。例如,使用虚拟现实(VR)技术模拟细胞内部的分子过程,为学生提供沉浸式的学习体验,增强他们对生物学概念的理解。这不仅可以激发公众对科学的兴趣和支持,还能在教育领域培养未来的科学家和工程师,为社会培育更多具有创新意识和科学素养的人才。

生命信息系统的未来展望令人振奋,深入的研究不仅将推动科学技术的边界不断扩展,也将为人类社会的可持续发展提供重要支撑。面对挑战与机遇,科学界需要持续投入,促进跨学科交流,加强国际合作,共同推动生命信息系统研究向纵深发展。通过这些努力,我们期待在不远的将来更全面地理解生命系统,并将这些知识转化为促进人类福祉和地球可持续发展的实践应用。

# 第二章

## 生命信息系统的基本原理

## 第一节　信息理论与生命系统

### 一、信息的基本概念与性质

#### （一）信息的定义与分类

**1. 信息的广义定义**　在广义上,信息是指用来描述、表示或反映事实、观念、信念、理论、信号、数据、符号或任何可以被认知的内容。它不需要以任何具体的形式存在,而是一个抽象的概念,包括我们在思考、理解和解决问题时可能获取、生成和使用的所有类型的内容。

**2. 信息的狭义定义**　在狭义上,信息是指在特定的环境或系统中,由特定的数据或信号转化生成的有价值内容。这种转化过程通常包括打破编码、解密、理解或解释数据或信号的含义。在这个意义上,信息不仅是数据或信号的表示,而且是对它们的理解和解释,是对环境或系统知识的一种表现形式。

**3. 信息的分类**　信息通常可以根据其来源、形式、内容和用途等多个维度进行分类。如根据来源,信息可以分为自然信息和人工信息;根据形式,信息可以分为数字信息、文本信息、图像信息、音频信息等;根据内容,信息可以分为科技信息、商业信息、政治信息、教育信息等;根据用途,信息可以分为决策信息、预测信息、管理信息、娱乐信息等。

**(二)信息的性质**

信息作为一种重要的资源和工具,在不同的领域和环境中发挥着重要作用。理解信息的基本性质有助于我们更好地利用和管理信息,特别是在与生命系统相关的研究和应用中。以下是信息的一些关键性质:

**1.信息的普遍性**　信息的普遍性指的是信息作为一种现象几乎存在于所有领域和过程中。从自然界的基本粒子交互到复杂的生态系统,从简单的日常交流到高度复杂的计算机网络,信息无处不在。这种普遍性意味着几乎所有类型的研究和活动都可以从信息的角度来理解和分析。

**2.信息的客观性**　信息的客观性指的是信息本身独立于个人主观意识存在。信息可以是关于客观世界的事实描述,也可以是科学研究中的数据和结果,它们不依赖于个人的观点或感受。客观性是科学研究和技术开发中重要的原则,确保了信息的有效性和可靠性。

**3.信息的时效性**　信息的时效性强调信息的价值随时间的推移而变化。某些信息可能在短时间内非常重要,但随着时间的推移和环境的变化,其相关性和价值可能会降低。在快速变化的领域,如科技和金融,信息的时效性尤为重要,需要快速更新和处理信息以保持竞争力和有效决策。

**4.信息的传递性**　信息的传递性体现在信息可以通过不同的媒介和方式在个体或系统之间传递。信息的传播可以是直接的,如口头交流和书面文档,也可以是间接的,如通过网络和广播。有效的信息传递对于维持社会交流、科学研究和经济活动至关重要。

**5.信息的可处理性**　信息的可处理性指的是信息可以被收集、存储、分析和转化以满足特定的需求。随着计算技术的发展,我们可以处理和分析前所未有的大量数据,从而获得新的知识。在生命系统的研究中,信息的可处理性使得我们能够解析复杂的生物过程和机制,推动科学发现和技术创新。

理解信息的基本性质有助于我们在处理与生命系统相关的数据和知识时作出更明智的决策,无论是在科学研究、医疗实践,还是在环境管理、金融商业等领域。

**(三)信息度量**

信息度量是信息理论中的一个核心概念,用于定量描述信息的不确定性和传输效率。以下是几个重要的信息度量概念:

**1. 信息熵** 信息熵(information entropy)是由克劳德·香农在 1948 年提出的概念,用来度量信息的不确定性。在生命信息系统中,它可以应用于 DNA、RNA 和蛋白质序列来量化其信息含量。信息熵越高,意味着系统的不确定性越大,包含的信息越多。信息熵是一种概率衡量方式,可通过以下公式表达:

$$H(X) = -\sum_{i=1}^{n} P(x_i) \log_b P(x_i) \qquad (公式 2-1)$$

其中 $X$ 表示一个随机变量,$P(x_i)$ 是其取得特定值的概率,b 是对数的底数,通常取 2(表示比特)、自然对数的底 e(表示纳特)或 10 等。信息熵被应用于评估遗传序列的复杂性,以及过程或信号的预测。

**2. 互信息** 互信息(mutual information)是度量两个随机变量之间共享信息量的指标,反映了这两个变量之间的相互依存性。在生物信息学中,互信息可以用来量化两种遗传物质之间或生物学信号相互作用的程度。数学上,互信息的表达方式为:

$$I(X;Y) = \sum_{y \in Y} \sum_{x \in X} P(x,y) \log\left(\frac{P(x,y)}{P(x)P(y)}\right) \qquad (公式 2-2)$$

两个随机变量$(X,Y)$的联合分布为$P(x,y)$,边缘分布分别为$P(x)$、$P(y)$,互信息$I(X;Y)$是联合分布$P(x,y)$与边缘分布$P(x)P(y)$的相对熵。

当两个变量完全独立时,互信息为零;相反,互信息的增加表明两者间存在着更强的关联。

**3. 条件熵**　条件熵(conditional entropy)描述的是在知道一个变量的前提下,另一个随机变量不确定性的量度。它给出了在已知变量$X$的情况下,预测变量$Y$的信息量。数学表达式为:

$$H(Y|X) = -\sum P(x,y) \log_2 P(y|x) \qquad \text{(公式 2-3)}$$

条件熵通常用于了解在已知部分信息条件下,系统所需传递的额外信息量。

**4. 相对熵**　相对熵(relative entropy),也称为信息散度,是一个非对称度量,用于衡量两个概率分布差异的大小。在生命信息系统中,相对熵常被用来衡量观察到的数据分布和理论模型或基准数据之间的距离。公式定义为:

$$D_{KL}(P \parallel Q) = \sum P(x) \log(P(x) / Q(x)) \qquad \text{(公式 2-4)}$$

其中$P$和$Q$分别是两个概率分布。相对熵为零意味着两个分布完全相同,值越大意味着两个分布的差异越显著。

## 二、生命系统中的信息过程

生命系统中的许多过程基本上是信息的传递和处理过程。特别是在遗传信息的传递和表达中,学习和理解这些过程对我们理解生命现象具有重要意义。

### (一)遗传信息的传递与表达

**1. DNA 的复制与转录**　在生命系统中,DNA 通过保存遗传信息来指导生物体的发展。这个过程基于两个核心的步骤,即 DNA 的复制与转录。

在细胞分裂时,DNA 必须被复制以保证每一个子细胞获得完整的基因组信息。复制过程中,原始的双链 DNA 被"解旋",每条单链作为模板生成新的互补链,从而产生两个完全一样的 DNA 分子。DNA 转录是生物体表达其遗传信息的过程,它涉及复制 DNA 的一部分(即基因)到 RNA 分子。转录过程中,DNA 的双链被局部分开,允许 RNA 聚合酶复制一个基因的其中一条单链到一个互补的 RNA 分子上。

**2. RNA 的翻译与蛋白质合成**　遗传信息的表达不仅包括创建 RNA,还包括在细胞的机器中将 RNA 变成蛋白质的阶段,该阶段包括 RNA 翻译和蛋白质合成两个过程。

其中 RNA 翻译是指 RNA 的信息以密码子(连续的三个核苷酸)的形式进行存储,每个密码子对应一个氨基酸。也就是说,RNA 中的信息是以"三字组词"的形式编码的,这些三字组词通过翻译过程解码成氨基酸序列。在这个过程中,核糖体读取 RNA 分子,每次移动一个密码子,添加相应的氨基酸到正在形成的蛋白质链上。蛋白质合成是指通过翻译过程,RNA 编码的信息被转化为一个特定的氨基酸序列,这个序列在一系列转折和折叠过程中形成三维的蛋白质。这个过程中,每个氨基酸对蛋白质结构的贡献取决于其化学性质。因此,编码的氨基酸序列最终决定了蛋白质的结构和功能。

以上就是遗传信息在生命系统中的传递与表达过程,这些过程对生物体的生命过程起着至关重要的作用。

**(二)细胞内信息传递与调控**

细胞内信息传递与调控机制是细胞响应外部环境变化和内部需求变化的基础。这些机制确保细胞能够适时适地地调整其功能,实现生命活动的有序进行。关键环节包括信号分子的识别与结合、信号转导通路的激活与抑制。

**1. 信号分子的识别与结合**　信号传递过程通常启动于信

号分子(如激素、神经递质、细胞因子等)与细胞表面或内部的特定受体结合。这一过程的关键在于高度的特异性,即每种信号分子只与特定类型的受体结合。信号分子与其受体的结合如同钥匙与锁的关系,仅当形状和化学性质匹配时才能成功结合。

受体按照在细胞中的位置可分为两大类,即细胞表面受体和细胞内受体。其中细胞表面受体通常响应不容易穿过细胞膜的水溶性信号分子,细胞内受体通常响应可以穿过细胞膜的脂溶性信号分子,如类固醇激素。当信号分子与其受体结合时,会引起受体的结构或功能改变,从而启动一系列下游事件。

**2. 信号转导通路的激活与抑制** 信号分子与受体结合后,会激活信号转导通路中的多个分子。这些分子通常以级联方式相互作用,形成复杂的网络,最终引起一系列细胞内的响应,如基因表达的变化、酶活性的增加或减少、细胞结构的改变等。信号转导通路的典型特点包括:

(1)多级放大:信号转导过程中,前期分子活化的信号分子能激活多个下游分子,这种情况在多个阶段发生,使得初始信号得到极大地放大。

(2)整合与调控:不同的信号传递路径在细胞内可以交叉和整合,使得细胞能够基于多个信号作出综合反应。

(3)正负反馈调控:信号转导途径通常受到正反馈和负反馈机制的调控,以确保细胞响应的适应性和准确性。

激活过程包括酶的活化、离子通道的打开、转录因子的活化等,这些变化支持细胞对信号作出响应。抑制过程则通过不同机制减弱信号,如抑制酶的活性、增加抑制性分子的表达、关闭离子通道等方式,保持细胞内环境稳定,避免过度的反应。通过这些精细的调控机制,细胞可以根据外部和内部的信息作出适当的反应,保证生物体的健康和稳定。

**(三)生物体内信息网络的构建与维持**

为了适应复杂的生存环境和完成复杂的生命活动,生物体内必须建立和维持高效的信息网络。这个信息网络涵盖了生物体各级结构,从最基本的细胞和分子,到组织器官,乃至全身生理系统,均通过信息的生成、传递和处理环节实现协调和调控。

**1. 生物体的组织器官结构与功能分区** 由单个细胞组成的微观组织到形成各个不同功能的器官,都是生物体内信息网络的重要节点。这些结构不仅承载着生命行为的基本单位,也形成了复杂的信息交流网络。在器官的结构与功能方面,不同的器官通过特殊的细胞类型和适应性架构,完成体内的特定任务,如心脏负责输送血液使得氧气和营养物质分布全身,而肝脏则负责解毒和对能量物质进行储存和分配。在分区方面,组织和器官中,通常有明确的功能分区,如大脑中的不同部位控制不同的行为与思维,胃肠道中的不同部位完成着各自的消化或吸收功能。

**2. 生物体的生理调节与稳态维持** 生物体内各个层次的信息传递共同保持着生物体的稳态,能够使生物在不断变化的环境中保持内部环境相对稳定的机制,如体温、血糖水平、血压等。这主要依靠生物体的生理调节系统,如神经系统和内分泌系统。

生物体内拥有一套精细的反馈调节系统,包含负反馈和正反馈。最常见的例子是体温调节,当外部温度降低时,人体会启动保暖反应防止体温过低;当外部温度升高时,人体启动降温反应以防止体温过高。神经系统和内分泌系统在生理调节中发挥着关键作用,神经系统负责瞬间的反应,而内分泌系统则负责长期的反应。这两个系统都会产生特定的信号分子对目标细胞产生影响,以完成生理调节。

**(四)生物进化过程中的信息变化与选择**

生物进化是生物体在大自然的历史长河中逐渐改变并适应环境的过程。这个过程是动态的,涉及基因的变化和自然选择,使得生物体能够更好地应对并适应环境变化。

**1. 基因突变与重组**　生物进化的基础是遗传信息的变化,主要包括基因突变和基因重组。

(1)基因突变:基因突变是指 DNA 序列的改变。这些改变可以是小范围的,如单个碱基的更改,也可以是大范围的,如基因与染色体区段的插入、缺失或者倒置。基因突变是生命的多样性来源之一,也是自然选择作用的对象。

(2)基因重组:基因重组是指在有性生殖过程中,来自父母的染色体交叉互换基因序列,创造出新的基因组合。这个过程能够增加遗传的多样性,并有可能产生出更适应环境的新型基因组合。

**2. 自然选择与适应性进化**　随着不同基因型个体的出现,自然选择以及适应性进化开始发挥作用。

(1)自然选择:自然选择是指在一定的环境条件下,能够更好地适应环境的个体具有较高的生存和繁衍后代的机会,使得这部分个体的基因在种群中的比例逐渐增高。同时,不适应环境,生存和繁衍能力较弱的个体,其基因在种群中的比例逐渐下降。

(2)适应性进化:适应性进化是指物种在自然选择的推动下,逐步形成并固定下来的有利于生存和繁殖的适应性的过程。这个过程体现了遗传信息变化和自然选择的相互作用,是生物进化的核心。

这种基因突变与重组,以及自然选择的过程,推动了生物的演化,使得生物体可以更好地适应环境变化,而产生了现今的生物多样性。

## 三、信息与生命系统的关系

信息与生命系统之间的关系密不可分,信息在生命活动中起着至关重要的作用。在生物体内,信息不仅被存储和传递,还被调控和整合,同时还促进了生命的创新与变异。

### (一)信息在生命系统中的作用与意义

**1. 信息的存储与传递作用** 在生命系统中,信息的存储和传递是基本功能之一。DNA 和 RNA 的分子结构使它们成为理想的信息存储介质。DNA 中的遗传信息通过复制和转录过程被准确地复制和传递给 RNA,RNA 通过翻译过程将这些信息转化为蛋白质,实现遗传信息的表达。这种信息的流动形成了生命活动的基础,保证了生物体的正常发展和功能的实现。

**2. 信息的调控与整合作用** 信息的调控与整合作用确保了生命系统的有序运行和对环境变化的适应性。通过细胞内外的信号传递系统,生物体能够感应外部环境变化并作出相应的响应,这包括了细胞内信息传递与调控机制(如激素信号、神经信号等)的激活和抑制。这种复杂的调控网络使得细胞协调其内部过程,并与其他细胞进行有效的通信,实现生物体的整体功能和对环境的适应。

**3. 信息的创新与变异作用** 信息的创新与变异是生命进化和多样性的驱动力。基因突变和基因重组是信息变异的两个主要来源,它们为生物提供了适应环境变化的新特征。在进化过程中,自然选择作用于这些变异,优选那些能够增强生物体适应性和生存机会的变异。因此,信息的变异不仅是生物进化的基础,也是生物多样性的重要来源。

综上所述,信息在生命系统中的作用和意义是多方面的,它覆盖生命信息的存储、传递、调控、整合以及进化等过程。这些过程共同作用,维持了生命的连续性和多样性,展示了信息与生命系统之间复杂而精细的相互作用。

**(二)信息论在生命科学中的应用与发展**

信息论由克劳德·香农于 1948 年首次在通信领域中提出,后逐渐在生命科学中得到广泛应用,特别是在基因组学、蛋白质结构预测、神经科学等领域。

**1. 信息论在基因组学中的应用** 信息论在基因组学中的应用广泛,尤其是在基因序列分析、比对以及基因表达调控网络的研究中。例如,通过利用信息论的方法,研究者可以量化和比较不同基因或基因组的复杂性,理解其生物学功能。此外,信息论也被用于构建和分析基因表达网络,以揭示遗传信息的调控机制。

**2. 信息论在蛋白质结构预测中的应用** 蛋白质是执行生命功能的主要执行者,而蛋白质的结构决定了其功能。通过信息论的方法,研究者可以根据已知结构的蛋白质序列信息预测未知结构的蛋白质的可能结构,从而推测其可能的功能。例如,通过序列对比和进化距离的计算,可以建立蛋白质结构的预测模型。

**3. 信息论在神经科学研究中的应用** 神经科学研究中,信息论是分析神经信号转导、处理和编码机制的重要工具。例如,神经元的活动可以被视为一种信息源,通过计算其信息熵可以量化其复杂度或不确定性。此外,研究者还可以通过互信息等信息论指标衡量神经元间的相互依赖性,以理解神经元网络中的信息传输和处理机制。

**(三)信息科学与生命科学的交叉融合**

信息科学与生命科学的交叉融合是 21 世纪生物科学和信息技术领域的一大趋势。这种交叉融合不仅推动了生物学研究的深入和生物技术的发展,还催生了一些新的学科领域,如生物信息学、计算生物学和系统生物学。

**1. 生物信息学的发展与应用**　生物信息学是利用计算机技术、数学方法和统计学原理来收集、存储、分析和解释生物数据(尤其是大量的基因组、蛋白质组数据)的学科。生物信息学的发展极大地促进了基因组学、转录组学和蛋白质组学等领域的研究,使得科研人员能够高效地处理海量生物数据,加速了药品的研发、疾病的诊断和治疗方法的更新。

**2. 计算生物学的新方法与新思路**　计算生物学关注于生物学问题的数学建模、定量分析和理论方法的开发,以及通过计算机模拟来解答生物学问题。这个领域涵盖了从分子水平到细胞、器官乃至整个生态系统的模型构建和仿真,为理解复杂的生物系统提供了新的方法和思路。计算生物学的应用范围广泛,包括但不限于蛋白质结构预测、代谢途径分析、疾病模型构建等。

**3. 系统生物学的整体观念与研究框架**　系统生物学是一个跨学科领域,旨在整合不同生物学分支的数据和知识,从宏观角度理解生物系统的结构和功能。系统生物学侧重于生物系统中各组分之间的相互作用和网络,强调通过整合分析生物分子、细胞、组织和器官等多个层次的信息来揭示生命系统的整体性和动态性。

# 第二节　生命信息系统的结构与功能

本节探讨生命信息系统的结构与功能,特别是如何通过生物分子实现信息的处理和传递。生物分子,尤其是核酸,是生命信息处理和存储的关键。

## 一、生物分子与信息处理

生物分子是生命体内信息处理的主要媒介,包括核酸、蛋白质等。其中,核酸(DNA 和 RNA)承担着遗传信息的存储和传递,蛋白质则展现最终实现的生物功能。

### (一)核酸与遗传信息编码

核酸是遗传信息的化学载体,主要包括 DNA 和 RNA。DNA 存储遗传信息,而 RNA 则参与信息的转录和翻译过程,实现蛋白质的合成。

**1. DNA 复制的信息保证机制**　　DNA 复制是细胞分裂前复制遗传信息的过程,确保每个新细胞都能获得一份完整的遗传信息(图 2-1)。这一过程由一系列酶协同作用完成,包括DNA 聚合酶、解旋酶等,它们确保复制过程的准确性和高效性。复制的准确性依赖于碱基配对原则和修复机制,以减少复制错误。

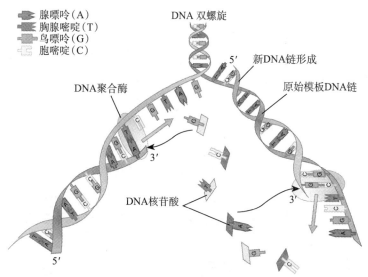

图 2-1　DNA 双螺旋以及 DNA 半保留复制

**2. RNA 转录的信息传导系统**　RNA 转录是指 DNA 序列的信息被转录成 mRNA 的过程。这一过程由 RNA 聚合酶催化,涉及启动子、终止子等序列元素,确保信息从 DNA 正确转移到 RNA。转录后的 mRNA 会被翻译成蛋白质,实现遗传信息的表达。

**3. 非编码 RNA 在信息处理中的作用**　非编码 RNA(non-coding RNA)是一类不编码蛋白质的 RNA 分子,如 rRNA、tRNA、miRNA 等。它们在信息处理中扮演着重要角色,包括参与蛋白质的合成(rRNA、tRNA)、调控基因表达(miRNA、siRNA)等。尤其是 miRNA 和 siRNA,通过与目标 mRNA 的互补配对,能够调控后者的稳定性和翻译效率,从而细致调节基因表达。

这些机制共同构成了一个复杂而高效的信息处理系统,保证了生命活动的有序进行和生物体对环境变化的适应性。

**(二)蛋白质与功能信息实现**

蛋白质是生命体中进行多种功能信息实现的关键分子。根据其功能,蛋白质可大致分为受体蛋白、酶类蛋白和结构蛋白等。

**1. 受体蛋白与信号识别**　受体蛋白作为感受器,负责识别并响应内外环境的各种信号,这些信号包括光、温度、化学物质等。受体蛋白通过改变其结构和活性,转导这些信号,从而引发一系列的生物反应。

**2. 酶类蛋白与代谢调控**　酶类蛋白是生命体内的生物催化剂,可以加速化学反应的速率,参与生物体的各种生理过程,包括代谢、信号转导和 DNA 复制等。酶的活性和效率可以通过多种方式调控,如结构改变、配体结合等,从而细致调节代谢活动。

**3. 结构蛋白与信息支撑框架**　结构蛋白是组成细胞和组织结构的重要成分,为信息处理提供物质基础和空间支撑。例如,微管和肌动蛋白等构成细胞骨架,维持细胞形态和协助运动能力;胶原蛋白、弹性蛋白等构建身体的各种连接组织。此外,一些结构蛋白还可以直接参与信息处理和信号转导。

蛋白质通过其多种功能,实现并调控生命体中的信息处理,确保生命活动的有序进行。

### (三)系统生物学视角下的代谢网络

系统生物学试图从整体和动态的视角理解生命系统,其中,代谢网络作为生命体内重要的信息和物质流动通道,得到了广泛的研究。

**1. 代谢途径的信息流动模型** 代谢途径是生物体内特定的物质变化和能量转化通道,各种代谢途径相互联系,形成复杂的代谢网络。在这个网络中,代谢物质和能量的流动可以通过多种方式调控。例如,酶的活性可以被调节后改变反应速率;代谢物的浓度会影响下游的反应。从信息论的角度看,代谢网络的行为可以被视为信息的流动和转换。

**2. 代谢网络的动态稳态与调节** 代谢网络需要在各种环境变化中维持其动态稳态,以满足生命体的需求。这种稳态既包括代谢物质的浓度平衡,也包括网络行为的稳态。维持这种稳态的机制非常复杂,包括但不限于反馈调节、前馈调节、网络冗余等。

**3. 代谢网络中的能量转换与信息耦合** 在代谢网络中,能量的转换和信息的流动密切相关。一方面,能量的供应和需求影响着代谢过程的进行,从而影响信息的流动。另一方面,信息的状态也会影响能量的利用和转化,如细胞的能量状态会对某些信号转导途径产生影响。这种能量和信息的耦合作用,体现了生命体内信息和能量的紧密关系。

总的来说,从系统生物学的角度看,代谢网络是生命体内进行信息处理和物质能量转换的重要场所,其结构和行为对生命体的维持和适应具有重要作用。

## 二、细胞与信息传递

在细胞生物学中,信息传递是细胞响应外界环境变化和维持内部稳定所必需的过程。细胞通过其膜上的特定信号转导系统来捕获和响应外界信号。

### (一)细胞膜上的信号转导系统

细胞膜上的信号转导系统是细胞与外界环境沟通的关键。这一系统包括多种类型的受体,它们能够识别并绑定特定的外源性或内源性分子(配体),触发一系列内部信号传递过程,最终产生生物学效应。

**1. 受体 - 配体相互作用与信息捕获** 受体与配体之间的相互作用是信号传递过程的第一步。这种相互作用通常具有高度的特异性,使得细胞能够精确地识别和响应特定的信号分子。一旦配体与其相应的受体结合,就会引起受体的构象改变,从而激活下游的信号转导途径。

**2. G 蛋白偶联受体的信号放大机制** G 蛋白偶联受体(G-protein-coupled receptor,GPCR)是一类通过与 G 蛋白相互作用来传递信号的受体。配体与 GPCR 结合后,激活的受体能够促使 G 蛋白交换鸟苷二磷酸(GDP)为鸟苷三磷酸(GTP),激活的 G 蛋白亚单位随后可以激活或抑制各种下游效应器(酶或离子通道)。这种机制可以将一个信号放大,使得单个配体 - 受体相互作用能够引发大量分子的活动变化,产生强烈的细胞内响应。

**3. 离子通道与信号转导的特异性** 离子通道是细胞膜上的一类蛋白质,负责调控离子跨膜运输,从而影响细胞的电位。某些离子通道能够响应特定的信号,如电压变化(电压门控离子通道）、化学物质（配体门控离子通道）或机械力（机械门控离子通道），实现对特定信号的快速响应。这些通道的开闭改变细胞内离子浓度，产生电信号，快速传导信息，这对于神经信号传递尤为关键。

综上所述，细胞通过其膜上的信号转导系统，实现对外界信号的捕获、放大和特异性传导，确保了细胞能够精确、有效地响应环境变化。

**（二）细胞内的信息网络**

细胞内部存在着复杂的信息网络，负责接收、处理和传递信号。这些网络通过各种信号转导途径、细胞器（例如核糖体和细胞核等）相互作用，共同实现信息的接收、解码以及输出，最终调控细胞的行为和功能。

**1. 信号转导途径和细胞内信息流**　信号转导途径是细胞内部传递信息的途径，涉及多种分子的相互作用。从细胞表面接收的信号通过一系列递质和效应器分子传递，最终影响细胞功能，如基因表达、代谢和细胞分裂。这些途径能够将外界的物理或化学信号转化为细胞能够理解和响应的"语言"，确保细胞对环境变化作出适当的反应。

**2. 细胞核（基因表达调控的信息枢纽）**　细胞核是细胞内存储遗传信息的地方，也是基因表达调控的中心。细胞核内的遗传信息通过转录过程转换成 mRNA，然后被运输到细胞质中的核糖体进行翻译，合成特定的蛋白质（图 2-2）。此外，细胞核内还包含许多调控蛋白质和 RNA 分子，它们参与调控基因的表达，确保蛋白质的合成与细胞需求相匹配。这些调控机制包括增强子和抑制子的作用、表观遗传修饰等，共同构成了一个复杂的信息处理和集散中心，控制着细胞的生理状态和反应。

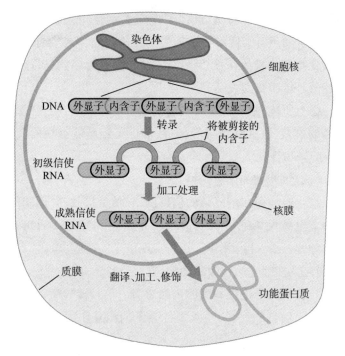

**图 2-2　中心法则：从 DNA 到功能蛋白质**

**3. 核糖体（基因信息的解码器）**　核糖体是细胞内的分子机器，负责蛋白质的合成。它按照 mRNA 的编码信息，逐一添加氨基酸构建蛋白质。这个过程称为翻译，是基因表达的最后阶段。核糖体的功能体现了信息从遗传代码到功能性蛋白质的转换，是细胞内信息流动的关键环节。

综上所述，细胞内的信息网络通过复杂的信号传递和处理机制，确保细胞能够适应环境变化，执行其生物学功能。这些网络不仅涉及信号的接收和传递，还包括对这些信息的解码和执行，体现了生命体内信息处理的高度复杂性和精确性。

**（三）细胞间通信**

对于多细胞生物来说，细胞之间的通信是至关重要的，不仅可以协调细胞的行为,也为各种生理和发育过程提供必要的调控机制。以下机制是细胞间通信的主要方式。

**1. 直接接触传递与间隙连接通路**　细胞间通过直接接触传递信息是一种基本的通信方式。这种方式主要包括细胞膜上的蛋白质分子的相互作用,如紧密连接、脱附连接和黏附连接。此外,间隙连接是另一种重要的直接接触传递方式,其中细胞间由连接蛋白形成的通道允许细胞质中的小分子和离子直接通过,实现细胞间的物质交换和信号转导。

**2. 化学信使与细胞间远程通信**　细胞可以通过释放化学信使(如激素,神经递质等)到细胞外环境,影响远处的细胞,实现远程通信。这种方式常见于内分泌系统和神经系统,是维持身体功能和协调生理反应的重要机制。

**3. 细胞外囊泡与新型信息传递机制**　细胞外囊泡(如外泌体)是一种新兴的信息传递机制。这些泡状结构从细胞中分泌出来,携带有各种蛋白质、脂质和 RNA 分子,可以被其他细胞摄取。近年来的研究表明,这些细胞外泡在信号传递、物质运输、免疫反应等多个过程中都起着重要作用。

以上就是细胞间通信的主要方式,其中每一种都有其特定的适用条件和生物学功能,同时也体现了细胞间通信的多样性和复杂性。

**(四)信息传递的时空调控**

在生物体内,信息传递不仅受到分子的种类和数量的影响,还受到时间和空间的严格调控。时空调控的主要方面如下。

**1. 时序性对于信号路径敏感性的影响**　细胞信息传递经常会呈现出显著的时间特性,例如褪黑素分泌的生物体的昼夜节律。这些信号的时序性不仅反映了环境的变化,也对于细胞内部信号通路的敏感性产生影响。比如,细胞周期的各个阶段对不同信号响应的敏感程度不同,这种敏感性的改变通过多种机制实现,例如改变受体的表达或蛋白质修饰。

**2. 空间性在细胞极性与信号分布中的作用** 空间调控在信号传递中也起着重要作用。一方面,细胞的空间结构和极性可以影响信号分子的分布和激活。例如,神经元的信号传递需要信号沿着空间特定方向进行传播;细胞表面的受体及其激活可能发生在细胞某一侧,形成局部反应;细胞内部的信号分子如钙离子和 cAMP 等可因局部浓度升高,启动特定的信号通路。另一方面,信息的传递需要信号分子在细胞内部或者细胞之间进行移动,这种运输过程也需要空间的调控,例如神经细胞利用神经突触和神经递质的释放和接收实现细胞通信。

**3. 动态环境下的细胞信号适应性调节** 面对动态变化的环境,细胞需要进行适应性的信号调节。例如恒定的信号输入可能导致细胞发生适应性回应,降低响应强度或者改变响应方式。此外,细胞也需要在多个信号同时存在时进行综合判断和处理,即信号整合。这常常涉及复杂的网络调控,包括正反馈、负反馈、前馈控制等多种调节机制。

综上所述,时空调控在信息传递过程中起着重要作用,为细胞提供了更高层次的调控机制,从而使信号传递过程更加精确、高效,也更能适应环境变化。

## 三、组织器官与信息整合

在生物体中,信息的整合和处理不仅发生在细胞层面,也在组织和器官层面进行,其中以神经系统的信息处理为最高级别。

### (一)神经系统(高级信息集成和处理中心)

神经系统是高级信息集成和处理的中心,由无数神经细胞(神经元)和胶质细胞组成。它负责接收、传递和整合来自体内外的各种信息,控制和协调体内的各种活动。

**1. 神经元信息传递的电化学机制**  神经元通过电信号(动作电位)和化学信号(神经递质)来进行信息的传递。动作电位是神经元膜电位的短暂、快速地正向反转,其产生涉及离子通道的开闭。当动作电位到达神经元的末梢,可以引起神经递质的释放,神经递质随后与相邻细胞的受体结合,传递信息。

**2. 神经网络的结构、动态功能与信息处理的关系**  神经元的相互连接形成复杂的神经网络,这些网络对信息进行集成和处理。神经网络的结构和动态活动模式对信息处理有重要影响。例如,特定的网络结构(如环路、并联和串联)可以实现特定的功能;网络的活动模式(如同步和异步活动)对信息的编码方式和处理效率也有影响。

**3. 大脑与信息处理**  大脑是神经系统的主要部分,负责处理和存储信息,实现记忆、学习和决策等复杂功能。例如,海马体在记忆中起重要作用;皮质区可以对信息进行理解和产生决策;基底神经节则参与运动控制和奖励学习等。

总的来说,神经系统通过电化学机制进行信息传递,通过神经网络将信息进行集成和处理,并在大脑中实现各种高级功能。

**(二)免疫系统(信息识别与应答的复杂网络)**

免疫系统是一个能够识别并应对外来病原体和自身有害物质的复杂网络系统,其处理信息的方式和神经系统有一些共同之处,例如对特异性信息的识别,快速和有选择性地应答以及记忆功能。

**1. 抗原呈递与免疫信息的启动**  免疫应答的启动主要依赖抗原呈递。抗原是指能被免疫系统识别并产生特异性免疫反应的物质,一般是病原体的某些部分。抗原的识别和呈递主要由专职的免疫细胞如树突状细胞等完成,被呈递的抗原可以启动免疫系统的反应,也可在已有反应中校正和增强免疫应答。

**2. 免疫细胞的通信协同与记忆细胞信息存储**　免疫细胞通过通信协同,共同负责构建和执行免疫应答。例如,T 细胞和 B 细胞在识别同一抗原时会协同工作,增强免疫反应的效果。此外,免疫细胞能产生记忆效应,在初次接触特定抗原后,会分化出记忆细胞,记忆细胞能快速召回之前遇到的抗原信息,加速和增强再次遇到同种病原体时的免疫反应。

**3. 自我非我辨识的信息编码争议**　对于自我与非自我的辨识是免疫系统的重要功能。理论上,通过特异性识别抗原和区分自我与非自我的机制,免疫系统应免于攻击自己的组织。但在某些情况下,例如自身免疫性疾病,这个辨识机制显然出现了错误。这一问题的解决仍然是免疫学研究的热点领域。

综上所述,免疫系统以一种复杂且独特的方式处理和应对信息,在信息的启动、通信协同与信息存储等方面呈现出不同层次的调控机制。

**(三)内分泌系统(激素信息的调控)**

内分泌系统通过分泌激素来调控身体的许多基本过程,包括生长、代谢、生殖和应对环境变化。激素是由内分泌腺或相关分泌细胞分泌到外界的化学信使,它们在体内被运输到目标细胞或器官,并通过与特定的受体结合来发挥作用。

**1. 激素信号的产生、释放和目标寻找**　激素的产生和释放通常是由身体的需求来调控的。例如,当身体处于不同的能量需求状态时,胰岛素和胰高血糖素的分泌水平会相应地发生变化,以调整血糖水平。激素通过血液传输到全身,与特定的细胞受体结合,启动或抑制特定的生物过程。激素的作用具有高度的特异性,即每种激素只影响那些具有适合受体的细胞。

**2. 内分泌反馈回路的信息平衡作用** 内分泌系统的调控通常依赖于复杂的反馈回路,这些回路确保激素水平保持在适当的生理范围内。例如,为了维持体内正常的代谢活动水平,甲状腺应当保证其释放的甲状腺激素精确而适量。一方面,下丘脑释放促甲状腺激素释放激素,作用于垂体前叶,后者释放促甲状腺激素,作用于甲状腺,然后甲状腺摄取碘增加,合成甲状腺激素增加。另一方面,血液中游离的甲状腺激素会反过来作用于腺垂体促甲状腺细胞,不仅抑制促甲状腺激素的合成,还抑制促甲状腺激素释放激素受体的合成,使细胞膜上受体减少,促甲状腺激素释放激素的作用减弱。最终导致促甲状腺激素的合成、分泌减少,使甲状腺活动减弱,甲状腺激素分泌减少。这些复杂的反馈机制是维持内环境稳定的关键。

**3. 激素信息在器官发育与代谢中的调控功能** 激素在调控器官发育和维持代谢平衡中起着至关重要的作用。例如,生长激素促进身体生长和细胞分裂,甲状腺激素调节代谢率和影响心脏、肌肉和消化系统的功能,性激素,如雌激素和睾酮,影响性特征的发展和生殖系统的功能。通过激素调节,内分泌系统与神经系统和免疫系统协同工作,共同维持生物体的稳态和适应环境变化。

综上所述,内分泌系统通过激素的产生、释放及其对目标细胞的作用,实现了对生物体多种生理和发育过程的调控。生物体通过精确的时空调控和复杂的反馈机制来维持信息的平衡和进行适应性调节,展现了生物体内部信息处理和整合的高度复杂性。

### (四)多器官网络与系统生理学

在生物体中,不同的器官并非独立运作,它们之间通过多种方式交流信息,形成了一个复杂的器官网络,共同参与生理和病理过程,这是系统生理学研究的主要内容。

**1. 器官间通信与系统信息整合之路**　器官间的通信主要通过神经调节和内分泌调节两种方式实现。神经系统可以通过神经递质快速传递信息,而内分泌系统通过血液携带激素将信息到达全身各处。这两种机制既可以单独工作,也可以协同工作,以实现更精细和更立体的信息整合。

**2. 高级行为与复合器官功能的信息同步**　在进行高级行为或复杂功能时,多个器官需要进行信息同步。例如,运动时,肌肉、心脏和呼吸系统需要进行协同工作;消化吸收食物时,胃、小肠和胰腺等多个器官需要共同参与。这种同步的信息流动确保了器官在处理任务时的协调和效率。

**3. 系统病理状态下的信息传递失衡与治疗**　在病理状态下,信息流通可能发生失衡,导致器官功能失调。例如,糖尿病患者由于胰岛素与受体的亲和力降低等原因使得胰岛素的信号传递出现异常,导致血糖调控异常。为了修复这种失衡,我们可以使用药物或改变生活方式等措施对病理状态的信息流进行干预。这就需要我们对系统病理状态下的信息流动有深入的理解,才能有效地设计治疗策略。

总的来说,生物体的多器官网络和信息流动是一个复杂的系统,只有深入理解其工作原理,才能更好地理解健康和疾病的生理过程,从而为治疗提供更有效的方法。

## 四、生物体与信息控制

生物体必须通过对外部环境刺激的识别和响应来调节自身的生理过程,以在各种环境条件下生存和繁衍,这就涉及信息感应和反应机制。

**(一)生物体对环境信息的感应与反应**

无论是植物、动物还是微生物,都具备可以感知环境变化并作出响应的机制。

**1. 植物对光信息的感知及其光合作用调节**　光是植物生存和发育的关键因素之一。对光照强度、光质和光照周期的感知和响应调节植物生长发育,如萌发、开花和光合作用等。其中光合作用是植物用光能转化为化学能(糖)的过程,是生命活动的重要能源来源。植物对光条件的感知和响应,通过调整叶片的定位和光合作用的强度来实现。

**2. 动物对环境刺激的感知和适应**　动物可以通过一系列传感器官和神经系统,对环境中的各种刺激(如光、热、声音、触摸和气味等)进行感知和处理,然后作出相适应的行为和生理反应。例如,对热源的感知可以引起躲避行为,而对食物气味的感知则可以触发进食行为。

**3. 微生物在环境压力下的基因调控策略**　微生物通过基因调控适应环境变化,也就是说,它们能够调整基因的表达,以改变自身的生理特性,应对诸如温度、酸碱度、营养素供应等环境因素的变化。例如,当营养物质短缺时,一些微生物可以切换细胞的代谢模式,以利用其他碳源或能源。

总的来说,不同类型的生物体都有适应环境变化的能力,这决定了它们对环境信息的感应和反应。通过这种方式,生物体对外界环境信息的控制和调节,使其能够在各种环境条件下生存和繁衍。

**(二)生理过程中的信息权衡与优化**

所有类型的生物体,无论大小,都面临着如何最有效地使用有限的资源以支持生命活动的问题。这就涉及在生理过程中如何进行信息权衡与优化。

**1. 能量投入与生理功能输出的信息权衡** 能量投入与生理功能输出之间的权衡是生物体在能量有限的情况下,如何分配能量到复杂的生命活动中去的一个问题。例如,生物需要在生长、繁殖、维护身体健康与应对环境变化等多个生理功能之间进行优化分配。这通常通过复杂的机制进行调控,包括激素、神经系统以及生物钟等。

**2. 代谢优化与能量使用效率的信息决策** 代谢优化与能量使用效率的提高是各种生物在进化过程中对信息处理的重要改进。通过基因调控、酶活性调控等方式,生物体能够调整其代谢路径,以在获取最大能量产出和节约资源之间找到平衡。例如,人体能够在饥饿状态下通过增加脂肪分解和减少能量消耗的方式来保存能量。

**3. 应激反应与跨层级生物信息的动态平衡** 应对环境压力的能力是生物体的关键特征,这包括对温度、湿度、光照、浓度梯度等环境因素的应答。生物体对这些变化的应答,在细胞、组织、器官和整体生物体等多个层级中实现信息的动态平衡。这涉及细胞信号转导、基因表达调控、激素分泌调节等多种机制。

总的来说,生物体在生理过程中的信息权衡与优化,是其适应性和生存能力的重要体现。理解这一过程,对于揭示生命的机制、预测生态变化的影响、改善农业生产和医疗救治等都具有重要的意义。

**(三)信息在生殖与种属延续中的作用**

生物体的生殖和种属延续,是所有生命的基本功能之一。这不仅涉及自身遗传信息的传递,还包括性别决定、有性生殖和物种的演化策略。

**1. 遗传信息的准确传递与变异机制** 生物体在生殖过程中,需要将遗传信息准确地传递给下一代。这包括 DNA 的复制、配子的形成、受精以及胚胎的发育等过程。但是,为了保持物种的多样性和适应环境的变化,这个过程中也会产生一些遗传变异,如基因突变、基因重组、染色体变异和遗传漂变等。

**2.性别决定与有性生殖的信息筛选**　在有性生殖的生物中,性别决定的机制和遗传信息的筛选至关重要。性别决定可能与染色体、环境因素或者特定行为等相关。在有性生殖过程中,性选择起到关键作用,它其实就是一种信息筛选过程,能够决定哪些个体能配对成功、哪些特征能被遗传给下一代。

**3.信息在物种演化策略中的长期保守与创新**　在走向未来的过程中,生物体既需要维持那些经过长期演化,证明有效的信息,也需要通过试错和变异产生新的信息,以适应变化的环境。这就涉及物种在面对环境挑战、竞争和随机事件时,如何找到有效应对的演化策略。

总的来说,信息在生殖与种属延续中的作用,体现了生命在复制自身、筛选优秀特征、随环境改变而演化的复杂过程。理解这一过程,对于揭示生命的本质、预测未来生物的演化方向、探索新的医学诊疗方法等都具有深远的意义。

**(四)生命周期中的信息流转模式**

在生物体的整个生命周期中,信息的流转模式体现在从个体的发育、成熟到衰老和死亡的全过程中。这些信息流转模式不仅是生物内部机制的体现,也是生物与环境相互作用的结果。

**1.发育信息的时间维度排列与机制**　生物体的发育过程是一系列精确控制的事件,涉及基因表达、信号传递和细胞间交流。发育信息的时间维度排列确保了从受精卵到成体各个阶段的正确顺序和时机。例如胚胎发育中的形态发生和器官形成需要在特定的时间窗口内被触发和执行,这是通过一系列复杂的调控网络实现的,包括转录因子、生长因子和激素等的精确调节。

2. 衰老信息的积累与生命周期调控 衰老过程可以被视生物体为是在生命周期中积累的损伤和不再必要的生物信息。这些信息包括细胞分裂能力的限制(如端粒的缩短)、DNA 损伤的积累、蛋白质的错误折叠和细胞内废物的累积等。管理和调控衰老信息,如通过自噬和细胞凋亡等机制清除受损细胞,对维持生物体健康和延长寿命至关重要。

3. 死亡信息在生态过程与进化过程中的意义和作用 在生物体的生命周期结束时,死亡不仅是个体层面的终结,也是生态过程和进化过程中重要的信息源。死亡使得资源(如营养、空间等)在生态系统中被重新分配,促进种群的健康和物种的多样性。从进化的角度看,死亡也是自然选择的一个机制,通过淘汰不适应环境的个体,促进物种的适应性和进化。

总的来说,生命周期中的信息流转模式揭示了生物体从诞生到死亡的全过程中信息的动态变化和调控机制。这些模式不仅对于理解生命的本质至关重要,也为研究生命科学的各个领域提供了基础框架,包括发育生物学、老年医学和进化生物学等。

## 第三节　生命信息系统的演化机制

生命信息系统的演化机制是指在自然选择过程中,生物体通过优化其生物信息,以更好地适应环境和提高生存机会。这涉及自然选择的理念与原理,以及信息优化在自然选择过程中的重要性。

## 一、自然选择与信息优化

自然选择作为生命进化的基石,其原理与过程不仅塑造了生物多样性,也是理解生命信息系统进化的关键。自然选择与信息优化是生物进化的两个关键要素,它们息息相关,互相影响。

### (一)自然选择的概念与原理

自然选择是生物进化的主要驱动力,由达尔文在1859年首次提出,是达尔文进化论的核心。其基本原理围绕着"最适者生存"的概念展开,是指在自然环境中,某些个体由于具有更有利的形态或行为,而比其他个体有更多的机会生存下来并繁衍后代。这些有利的形态或行为,就是被"选中"的特性。对于生命信息系统来说,被"选中"的往往是那些有利于信息处理和传递的机制或模式。而这些有利特征则通过遗传传递给下一代。随着时间的推移,这些有利的遗传特征在种群中积累,导致生物种群的逐渐适应和进化。

### (二)自然选择的影响因素

自然选择的过程受到多种因素的影响,主要包括:

**1. 环境因素** 环境变化是自然选择的重要驱动力,包括气候变化、食物资源变化、天敌压力等。

**2. 遗传多样性** 种群的遗传多样性决定了自然选择的潜力。遗传多样性越高,自然选择的可能性越大。

**3. 种群大小和结构** 种群大小和社会结构也会影响自然选择的过程。例如,小种群可能更容易受到遗传漂变的影响。

**4. 生物间的相互作用** 捕食、寄生、共生等生物间的相互作用也会影响自然选择的过程。

### (三)自然选择对信息的影响

自然选择对信息的影响体现在多个方面,主要包括:

**1. 自然选择对信息的筛选作用** 生物进化过程中,基因即代表信息,自然选择就是对这些基因信息的筛选过程。这种筛选作用体现为对那些能提高个体适应性信息的选择性保留,同时淘汰那些降低个体适应性,或者不利于存活和繁殖的信息。自然选择对信息的筛选,保证了有用、可行的生物特性逐渐积累,无效或有害的特性被淘汰,由此推动了生物的进化和优化。

**2. 自然选择对信息的变异影响** 自然选择并非只是简单地筛选现有的信息,它还影响着信息的变异。正是通过基因突变和遗传重组等方式产生的变异,才为自然选择提供了新的"原料",实现对种群适应性的改进。自然选择能够通过影响物种的突变率,间接地影响变异的速度和方向。

**3. 自然选择对信息的传递与积累** 作为自然选择的物质基础,基因信息的传递和积累过程实际上就是自然选择过程的延续。那些有助于生物适应环境的特性由父代传给子代,使得优势特性能够在种群中积累,并在此基础上对信息进一步优化。这种信息的连续传递与积累是生物进化的保证,也是生物多样性的根源。

在每一个生物体系中,信息都在不断地生成、传递和变异,这是生命演化过程中至关重要的一环。了解自然选择如何影响这些信息的生成和传递,有利于我们更深刻地理解生物的演化规律,从而对生命的起源和发展有更深入的理解。同时,也可以启示我们如何借鉴自然选择的原理,进行有效的信息筛选和优化,提高信息处理的效率和准确度,这在信息科学,遗传学以及人工智能设计等领域有着重要的应用价值。

**(四)自然选择在信息优化中的作用**

信息优化是自然选择过程中不可或缺的一环。通过优化生物信息,生物能更好地适应环境变化,并提高其生存和繁衍的机会。信息优化的方向和目标往往是由自然选择引导的。

**1. 自然选择对信息进化的驱动作用**　自然选择通过鼓励那些有利于生物适应环境的信息的传播和保留,提供了信息进化的驱动力。有益的信息特征将被优选并传递给下一代,这就是为何我们在自然界中会看到那些有助于生物生存和繁衍的特性逐渐增多。因此,自然选择是推动生物信息进化的重要力量,它通过优化生物体的基因组结构,调节基因表达,提高生物体的适应性。

**2. 自然选择对信息进化的调节作用**　自然选择在选拔适宜信息特征的同时,也会淘汰不适应的特征。例如,对于有害突变,自然选择会使其被消除,减少其在种群中的频率,而对于有益突变,自然选择会使其频率增加。这种调节过程使生物体始终能够维持一种相对稳定的适应状态。

**3. 自然选择对信息进化的限制作用**　自然选择作为一种基于"现状"的优化过程,使得生物体在保持当前适应性的同时,尽量探索新的可能性,从而形成一种动态平衡,对信息进化进行限制。例如,过于剧烈的变异可能会打破这种平衡,破坏原有的适应性,因此是被自然选择淘汰的。

综上所述,自然选择在信息进化中起着重要作用,它既是信息进化的原动力,也是调节器和限制者,无时无刻不在塑造着生命体的信息结构,保证生物体信息的适应性和稳定性。此外,自然选择与信息优化是相辅相成的。自然选择是优化信息的动力,它通过淘汰不合适的信息,保留并进一步优化有利于生物适应环境和提高生存繁衍机会的信息。而信息优化则为自然选择提供可能,通过不断地调整和优化,生物信息系统能够持续适应环境并提高生物体生存和繁衍的机会。

## 二、遗传与信息传承

遗传和信息传承是驱动生命系统演化的关键因素,它们在生物的发展和适应过程中起着不可忽视的作用。

### (一)遗传的基本原理与机制

遗传是个体将特征传递给后代的生物学过程。基因作为遗传的物质基础,携带着生物体的遗传指令,这些指令决定了生物体的生长发育、形态特征、生理功能和行为习性等。在有性生殖中,子代的基因来自亲本贡献的遗传物质,通过染色体的配对与重组,实现了遗传变异的扩增,促进了遗传多样性的形成。

### (二)遗传在生命信息系统中的重要作用

在生命信息系统中,遗传起到的最主要作用是传递信息和产生遗传变异。传递信息确保了物种的连续性,使有用的、对环境有适应性的信息能够被后代沿袭;遗传变异则引入了新的基因,使物种能够拥有新的特质去适应环境的改变,推动了生物的进化。

### (三)信息传承在生物进化中的关键角色

信息传承是生物进化的一部分,是由自然选择引导的。只有那些有助于一个物种在其给定环境中生存和繁殖的特征,才会被自然选择所优选,被传承到下一代。这种信息传承过程使得物种适应了环境的改变,并促进生物多样化。

### (四)遗传与信息传承的相互关系与影响

遗传和信息传承是紧密相关的。遗传提供了信息传递的物质基础,而信息传承则确保了遗传信息有效地在种群中传播和延续。同时,信息传承的过程又反向影响了遗传的过程,因为只有具备某种特质的生物能够在环境中生存、繁殖并将其基因传递给下一代,这种特质才会在物种中得以传承。

### 三、变异与信息创新

变异和信息创新主导了生命系统的进化和改变,它们在生物演化中发挥了重要的作用。

#### (一)变异的基本概念与分类

变异是生物体的遗传物质发生具有遗传稳定性改变的过程,这种改变可能对个体的特征产生影响。变异可以分为中性变异、有害变异和有利变异。中性变异对生物体的适应性没有影响,有害变异可能减少生物体的适应性,有利变异则可能增加生物体的适应性。

#### (二)变异在生命信息系统中的作用

变异在生命信息系统中的主要作用是导致种群内的个体差异,提供了自然选择的原始材料。因为只有存在个体差异,自然选择才能发挥作用,让最适应环境的个体具有更高的生存率和繁殖率。

#### (三)信息创新对生物进化的影响

信息创新即新的、有益的遗传信息的生成,对生物进化具有推动作用。这些新的信息可能帮助物种获得新的功能或者特性,提高物种的适应能力。信息创新可以来源于基因突变、基因重组、基因转移等途径。

#### (四)变异与信息创新的相互关系与互动

变异和信息创新是密切相关的过程。变异提供了自然选择和信息创新的基础。无论是中性、有害还是有利的变异,都可能在特定的环境压力下成为信息的创新。而信息创新的过程往往需要基因突变、重组等变异过程,通过产生新的遗传信息来驱动物种的进化。

## 四、环境与信息适应

在生命信息系统进化论的框架下,环境与信息适应是至关重要的概念,它们共同影响着生物的进化过程。本部分内容探讨环境对生命信息系统的影响、信息适应在生物进化中的作用、环境因素对信息适应的驱动作用以及环境与信息适应之间的相互作用关系。

### (一)环境对生命信息系统的影响

环境是生物进化中一个至关重要的因素,不仅包括生物体所处的自然环境,也包括其他生物体和地球上的多样条件。环境对生物的进化产生着深远影响。生物体通过与环境的互动,接收来自环境的各种外部信号和刺激,从而促使生物体发生适应性变化,改变其内部生物信息系统的组织和功能。

环境对生命信息系统的影响可以从多个方面来分析。首先,环境中的化学物质和生物因子会直接影响到生物体的基因表达和代谢过程,从而调节生物体的生理状态;其次,环境中的温度、湿度、光照等物理因素也会影响生物体的生活和生长,引起生物体形态结构和生活习性的调整;最后,环境还包括社会环境和生态环境,生物体在这些环境中相互交流、竞争和合作,从而推动了生物社会的进化和发展。

### (二)信息适应在生物进化中的作用

信息适应是指生物体根据周围环境中的信息,通过调整自身生理状态或行为来更好地适应环境,提高生存和繁衍的机会。环境中的各种信息,比如食物的丰富程度、天敌的威胁等,会触发生物体的一系列生理和行为变化,使生物体作出相应的反应更好地适应当前的环境。

### (三)环境因素对信息适应的驱动作用

环境因素对信息适应的驱动作用是生物进化过程中的重

要机制之一。环境因素主要包括自然环境(如气候、地形、生物群落等)和人为环境(如人类活动、工业化进程等)两大类。环境的变化会引起生物体的信息适应性变化,进而影响生物的适应性和生存能力。例如,气候变化或环境污染等因素会导致生物栖息地的变化,从而促使生物体对新环境作出信息适应性调整。另外,生物群落的变化也会影响生物体的信息适应性,比如食物链的变化、捕食者的增多等都会促使生物体对环境作出变化。

**(四)环境与信息适应的相互作用关系**

环境与信息适应之间存在着密切的相互作用关系。环境通过提供各种信息刺激,驱动了生物体信息系统的适应性变化。而生物体通过信息适应性的调节,使自身更好地适应环境的变化。这种相互作用关系是生物体在进化过程中适应环境变化的重要机制。

生命信息系统进化论强调环境和信息适应的重要性,认识到生物体在进化过程中不断调整自身信息系统以适应环境的需求。这种动态平衡和相互作用促进了生物体的多样性和生存能力,同时也为生命科学领域提供了新的研究视角和方法。通过深入研究环境与信息适应的关系,我们能更好地理解生物进化的机制,并为生命科学的发展和应用提供新的思路和框架。

# 第三章

# 生命信息系统进化的驱动力

## 第一节　基因突变与信息变异

遗传和信息传承是生命进化的关键因素,它们在决定生物特征、维持物种多样性和适应环境变化中发挥着核心作用。基因突变是这一进程中的一个重要环节,为生物提供了适应环境的新方式和进化的可能性。

### 一、基因突变的原因与类型

基因突变是生物遗传材料(主要为基因组 DNA)结构中发生的任何永久性变化,这些变化可能会影响个体的表型特征(即可观察的特征)。基因突变可以由多种因素引起,包括自然因素和人为因素。

#### (一)自然因素引发的基因突变

基因突变是生命进化和个体出现遗传多样性的重要原因。基因突变可以由自然因素触发,包括内在的细胞过程和外部环境的影响。这些自然因素可能会引起 DNA 序列的改变,包括单一碱基的替换、插入或缺失,以及更大范围的染色体结构重组。

#### 1. 内在的细胞过程

(1)DNA 复制错误:在细胞分裂的 DNA 复制过程中,可能发生拷贝错误导致基因突变。即使 DNA 聚合酶具有校对功能,仍然可能产生错配。

（2）基因组稳定性机制缺陷:例如 DNA 修复系统不完善,导致无法修复发生的 DNA 损伤,增加了永久性突变形成的机会。

（3）内在的代谢副产物:细胞代谢活动产生的活性氧、一氧化氮自由基、脂质过氧化自由基等,可以造成 DNA 氧化损伤,进而导致突变。

（4）自然基因重组活动:例如在有性生殖过程中,同源重组可以导致基因定位的改变或 DNA 序列的插入和缺失,虽然通常是精确的,但偶尔也可能出错导致突变。

（5）染色体端粒缩短:随着细胞的反复分裂,端粒会逐步缩短,而端粒的长度与细胞的基因组稳定性有关,亦可能导致基因突变。

### 2. 环境压力

（1）辐射:紫外线（UV）和电离辐射（如 X 射线、伽马射线等）可以引起 DNA 分子的断裂和碱基改变。特别是 UV 光能导致嘧啶二聚体的形成,影响 DNA 的正常复制和转录。

（2）化学物质:许多化学物质,如苯和亚硝酸盐,可作为诱变剂与 DNA 反应,引起碱基错配或结构变化。如烟草中的化学成分焦油是已知的强烈诱变剂。

（3）污染物:工业和农业活动释放的一些污染物,如重金属和有机污染物,也能与 DNA 直接或间接地反应,导致突变事件。

（4）生物因子:有些细菌和病毒能够将自己的遗传物质插入到宿主细胞的 DNA 中,可扰乱原有基因的功能或调控方式,从而诱发突变。

（5）营养缺乏或过剩:营养失衡可能影响 DNA 的合成和修复,而导致 DNA 变得更容易受损而引发突变。

（6）内分泌干扰物质：部分环境化学物质被称为内分泌干扰物质，通过模仿或干扰激素信号，而影响正常的基因表达模式。

**（二）人为因素引发的基因突变**

**1.基因工程** 基因工程是一种通过对遗传材料进行人为操作以改变生物的基因结构和功能，从而实现特定目标的技术手段，如赋予生物体更强的抗病性，降低生物体对特定食物敏感性。然而，基因工程也可能引发未预期的突变。例如，虽然基因编辑技术，如规律成簇的间隔短回文重复序列CRISPR-Cas9在精确靶向和编辑特定基因方面取得了显著进展，但其可能出现的"脱靶"效应，即对非目标基因的进行意外的修改，可能导致不可预知的遗传变化。

**2.实验室操作失误** 在实验室环境中，不精确或疏忽的操作可能导致基因突变。比如，高剂量的辐射或化学试剂接触不当，可能引发仓鼠或家兔等实验动物的基因突变。同样，对样本的误处理或存储不当，可能导致DNA降解，破坏其正常的结构完整性，使DNA分子更容易受到外界因素的影响，从而增加突变的可能性。

尽管基因突变可以为生物提供新的特性，且有可能助于生物适应环境，但一些突变也可能引发生物机体的不良反应，如产生疾病或出现异常表型。因此，在进行基因工程和处理遗传材料时，必须采取适当的预防措施，将引发突变的可能性降至最低。同时，对进化过程开展科学研究，也将有助于我们更好地理解和管理基因突变带来的影响。

**（三）基因突变的常见类型**

**1.点突变** 点突变是指单个DNA碱基对的更改。这些更改可能是一个核苷酸替换为另一个核苷酸，也可能是一个核苷酸被删除或插入。点突变可以进一步分为同义突变（突变不改变编码的氨基酸)、错义突变(突变导致编码的氨基酸改变)和无义突变(突变导致编码的氨基酸提前终止)。

**2. 插入 / 缺失突变**　插入突变是指在 DNA 链中添加一个或多个核苷酸,而缺失则是指从 DNA 链中移除一个或多个核苷酸。这些突变会导致阅读框移位,可能产生大量不符合预期的氨基酸,或者过早终止蛋白质的合成。

**3. 转座因子引发的突变**　转座因子是一种能够在基因组中移动并插入到其他位置的 DNA 序列。转座因子引发的突变能够改变基因的位置和数目,可能引发能引起疾病的基因突变,也可能在进化过程中产生新的基因或基因调控方式。

**4. 染色体倒位引发基因突变**　倒位突变是指染色体内部一个碱基片段倒置的现象,即 DNA 片段在染色体内翻转180° 再插入原位。倒位突变会改变基因在染色体中的排列顺序,并可能切断原有基因,产生新的基因组合或调控方式。

了解基因突变的类型对于理解疾病的遗传基础、遗传工程和进化生物学都有重要的学术和应用价值。基因突变会改变 DNA 序列,并可能对编码的氨基酸序列产生影响,从而改变蛋白质的结构和功能,甚至可能催生出具有新功能的蛋白质。

## 二、基因突变对信息的影响

### (一)基因突变导致氨基酸序列变化

蛋白质的结构和功能是由其氨基酸序列决定的,基因突变可能改变氨基酸的编码方式,导致蛋白质的氨基酸序列改变,因此会影响蛋白质的结构和功能甚至产生新的生物学功能。

**1. 影响蛋白质结构和功能**　氨基酸序列的改变可能导致蛋白质的三维结构发生变化,从而影响其功能。例如,镰状细胞贫血的产生是由于血红蛋白分子的一个氨基酸被突变后的氨基酸替换,导致其结构和功能发生改变。

**2. 产生的新的生物学功能** 基因突变还可能带来新的生物学功能。例如,抗生素抗性基因可由细菌的基因突变导致。这种突变使得细菌能够抵抗特定抗生素的作用,从而存活并扩散。

基因突变对信息的影响是双面的。一方面,基因突变可能导致疾病或不良变异;另一方面,基因突变也是生物进化和多样性的源泉。通过研究基因突变,我们可以更好地理解疾病的发生机制,同时也能揭示生物的适应性变化和演化过程。

**(二)基因突变对细胞内信息流的影响**

基因突变对细胞内信息流的影响可能极为显著,其中包括 DNA 到 RNA 的转录过程和 RNA 到蛋白质的翻译过程。

**1. DNA 到 RNA 的信息传递** DNA 到 RNA 的信息传递过程被称为转录。在此过程中,基因的 DNA 序列被复制成信使 RNA(mRNA),然后从核内运送到细胞质中的核糖体。如果基因 DNA 序列中发生了突变,转录后产生的 mRNA 的序列也会发生相应的改变。这种情况下,突变可能影响基因的表达,或者产生一个编码不同蛋白质的 mRNA。

**2. RNA 到蛋白质的信息传递** RNA 到蛋白质的信息传递过程被称为翻译。在此过程中,mRNA 的序列被转化为蛋白质的氨基酸序列。如果基因突变导致 mRNA 序列发生了改变,可能相应改变蛋白质的氨基酸序列,影响蛋白质的结构和功能。例如,突变可能使得某个氨基酸被另一个氨基酸所替换,或者导致蛋白质提前终止,或者插入不必要的氨基酸。

基因突变对细胞内信息流的影响常常取决于突变的类型和位置。在一些情况下,突变可能不会对信息流产生任何影响。但在有些情况下,突变也可能改变蛋白质的结构和功能,从而影响细胞的生理过程。因此，深入理解基因突变的后果，对于疾病的诊断和治疗，以及进化生物学研究，都有着重要的意义。

## 三、基因突变在信息进化中的作用

### (一)基因突变驱动物种适应性的提高

随机的基因突变产生了供自然选择的新特征。生物体通过这种方式对其生存和繁衍的环境进行适应。这些突变可能有助于提高物种的生存能力，从而在物种的演化过程中保留下来。

**1. 环境选择压力下的适应性进化**　随着环境变化，为了能够生存和繁衍，物种必须适应变化。基因突变提供了生物体所需的新特质，使其能够对环境改变作出响应。这样，经过多代的自然选择，能够适应环境的变化的突变特性更有可能在种群中保留下来。

**2. 基因突变作为自然选择的驱动力**　基因突变为自然选择提供了原材料，而自然选择通过筛选那些能够提升携带者生存和繁殖成功概率的突变来驱动进化。这是达尔文的自然选择理论的基础，也是生物进化的关键驱动力。

由于基因突变的随机性，它们可能产生有利、无害甚至有害的结果。然而，在长期的演化过程中，那些有利的变化有更大的可能性被保留下来，从而导致种群的性状改变。这就是基因突变在适应性进化中的作用。

基因突变在物种分化和新物种的形成过程中扮演着关键角色。物种分化通常指的是一个种群分裂成两个或多个具有不同遗传特征的种群，这些种群最终可能演变成不同的物种。基因突变是这一过程的基础，提供了遗传多样性，这是物种适应环境变化和进化的基础。

**（二）基因突变在物种分化中的作用**

**1. 基因突变导致物种间的遗传隔离**　当种群之间的基因流受到阻碍时，基因突变会在不同种群中累积，导致遗传差异的增加。这种遗传隔离是物种分化的关键步骤，因为其允许种群独立地适应其特定环境，从而增加了种群遗传上分化的可能性。随着时间的推移，这些遗传差异可能变得足够大，以至于阻止了不同种群之间的繁殖，从而导致遗传隔离的形成。

**2. 基因突变促进新物种的形成**　基因突变不仅增加了种群的遗传多样性，还可能引入了新的性状，这些性状可能使个体更适应其环境。这种适应性突变有助于种群在其生态位中更好地生存和繁衍。当这样的突变在一个孤立的种群中固定下来时，可能会导致新物种的产生。例如，如果一个种群分裂成两个地理上隔离的群体，每个群体都可能独立经历基因突变，最终导致这两个群体在形态学、生理学或行为上发生足够的差异，以至于它们不能或不再愿意交配，从而形成新的物种。

基因突变促进物种分化和新物种形成的过程显示了生物多样性是如何通过自然选择和遗传隔离机制逐渐演化出来的。这一过程不仅对理解生物进化至关重要，对保护生物多样性、理解生态系统的动态和适应性管理也具有实际意义。

**（三）基因突变在生物信息网络的构建和重塑中的作用**

基因突变在生物信息网络的构建和重塑过程中也发挥着重要作用。生物系统是由许多相互作用的基因、蛋白质和其他分子构成的复杂网络，基因突变可以导致这些网络中节点和连接的改变。

**1. 基因网络的动态性和复杂性**　生物系统中的基因网络具有极高的复杂性和动态性。这些网络是由数百到数千个基因和蛋白质构成的，这些基因和蛋白质通过相互作用形成复杂的调控网络。这种网络是动态的,可以根据细胞的需求和环境的变化而改变。

**2. 基因突变作为网络重构的重要机制**　基因突变可以影响生物中的基因网络,因为它们可能改变基因的表达,或者改变蛋白质的性质、稳定性和互作网络。例如,某些突变可能导致某个基因的表达量增加或减少,从而改变该基因在网络中的角色和位置。某些突变可能会改变蛋白质的结构,使其不能与其合作的蛋白质相互作用,或者使其获得与新的蛋白质相互作用的能力。这些改变可能会导致网络的重新配置,改变细胞的行为和生理状态。

基因突变为生物网络的构筑和重塑提供了动力和多样性选择,允许生物对环境的变化和内部需求的改变作出响应。理解基因突变和生物网络结构的关系,对于揭示生物复杂性的根源以及开发新型的疾病诊断和治疗方法等,具有重要的价值。

# 第二节　遗传漂变与信息传承

遗传漂变是生命进化的一种关键机制,辅助自然选择推动着遗传信息的进化和传承。这一节将对遗传漂变的起因、种类以及其对信息传承的影响进行深入讨论。

## 一、遗传漂变概论

### (一)定义与基础理论

**1. 遗传漂变的定义**　遗传漂变或称为基因漂变,最早由休厄尔·赖特在 20 世纪 30 年代提出,并由日本遗传学家木村资生进一步发展完善。遗传漂变是指在自然遗传过程中由于随机效应导致的群体中基因频率的变化,这种变化与种群的适应度无关,因此与自然选择存在本质上的区别。

2. **种群遗传学背景**　遗传漂变的理论基础源于种群遗传学。种群遗传学主要研究基因在群体中的分布和变化情况,它将孟德尔的遗传学原理与达尔文的自然选择理论相结合,对物种在群体层面上的遗传变化作出解释。

3. **随机性与种群规模效应**　遗传漂变是随机发生的,它不按照"最适者生存"的原则进行,因此有可能导致适应性降低的基因在种群中传播。另外,遗传漂变受种群规模的影响,在小种群中,由于每一次基因型的传递和演化所占的比率更大,遗传漂变更容易产生显著的影响,可能导致有利基因丧失,或者有害基因累积。

对于遗传漂变的研究不仅有助于我们理解生物种群的遗传变化,也为我们提供理解和应用自然选择和遗传漂变等生物进化机制的新视角,为人工智能、信息科学等领域提供新的启示和思考。

**(二)遗传漂变的类型**

遗传漂变包括一系列由不同原因和机制引发的基因频率随机变化,主要类型如下:

1. **抽样误差**　抽样误差所致的遗传漂变是最常见的遗传漂变类型之一,通常发生在小种群中,小种群因规模的限制,每个个体及携带的基因在整个种群基因库中所占比例相对较大,即使是随机的繁殖过程,也可能导致某些基因在下一代中的比例发生变化。假设一个种群中有两个等位基因 A 和 a,两种基因的频率均为 1/2,在无压力的条件下,由于随机的配对,A 和 a 在后代中的比例可能不再是 1/2 而发生偏斜,这就是由抽样误差所致的遗传漂变。

2. **瓶颈效应**　瓶颈效应是指由于种群规模在短时间内猛然缩小,可能是由于灾难或其他突发事件,使得种群规模大幅度减小,从而引发的遗传漂变。这种缩小的种群规模使得群体内部的遗传多样性大幅度减少,特定的基因可能会在种群中消失,或者某些基因的频率会显著增加。

**3. 创始者效应**　创始者效应指的是一小部分个体迁移到新的环境,成为新种群的"创始人",这群个体的基因组成将影响新种群的基因频率,而这通常与原有种群中的基因频率存在显著的差异。由于创始者数量较少,抽样误差会导致新种群的基因变异更少,从而影响新种群的进化路线。

以上是遗传漂变的主要类型,它们的成因不同,但共同之处在于它们都是通过随机的,以及和适应度无关的方式改变了种群的基因频率。这些随机变化可能对种群的长期生存和进化产生深远影响。每一种漂变类型都对应不同的生物学现象和环境条件,它们的存在丰富了生物进化的复杂性和多样性。

**(三)遗传漂变的生物学驱动因素**

遗传漂变虽然是一种随机过程,但其发生和发展却受到多种生物学因素的影响。

**1. 环境压力与遗传漂变关系**　环境压力是遗传漂变的重要驱动因素。当环境出现剧变时,可能对种群规模产生影响,引发遗传漂变。例如,极端的环境条件可使某个物种的数量骤降,导致种群出现瓶颈效应,从而引发遗传漂变。

**2. 生命周期和繁殖策略对遗传漂变的影响**　生物的生命周期以及繁殖策略同样影响着遗传漂变的过程。例如,在一些需要更长时间成熟且繁殖过程耗时久的生物中,因其繁殖的机会较少,每一次繁殖事件都可能引发显著的遗传漂变。另外,生物的繁殖策略如性别的选择、繁殖率的高低,对遗传漂变也会产生影响。

**3. 行为选择与遗传漂变的相互作用**　生物的行为选择也

会影响遗传漂变。例如,部分生物的迁徙行为可能促使新种群的形成,引发创始者效应,从而带来遗传漂变,或是一些生物对特定伴侣的挑选,可能导致一部分基因更容易在种群中传播,这也是一种形式的遗传漂变。

遗传漂变是一个复杂的过程,涉及许多内在和外在的生物学因素。它们集体作用于生物进化的过程,影响个体和群体的基因构成,并在一定程度上驱动着生物的进化过程。如何量化这些因素对遗传漂变的影响,以更好地理解并预测生物进化的过程,是生物科学和信息科学等领域的重要研究内容。

## 二、遗传漂变对信息的影响

遗传漂变在生物信息的传递和变异过程中扮演了极其重要的角色,它的影响主要体现在遗传信息的随机变化上,包括碱基序列的随机突变、基因频率的随机波动,以及杂合度与等位基因多样性的变动。

### (一)遗传信息的随机变化

**1. 碱基序列的随机突变**  碱基序列的随机突变是遗传漂变中最基本的形式,它指的是 DNA 序列中碱基的随机替换、插入或删除。这些突变是完全随机发生的,它们可以是无害的,但也可能对生物体产生重大影响。在大多数情况下,这些随机突变对生物体的直接影响较小,但它们是遗传多样性的源泉,并为自然选择提供了原材料。

**2. 基因频率的随机波动**  遗传漂变还表现为基因频率的随机波动。在小种群中,即使没有外部选择压力,基因频率也可能由于随机的生殖事件而发生显著变化。这种波动可能导致某些有利基因的频率偶然降低,甚至在种群中丢失,或者使某些有害基因的频率意外增加。

**3. 杂合度与等位基因多样性的变动**　遗传漂变对种群的杂合度和等位基因多样性也有重要影响。杂合度指的是一个种群中不同等位基因共存的程度,而等位基因多样性则指的是一个种群中等位基因的数量和分布。遗传漂变通过随机改变基因频率,可以降低种群的杂合度和等位基因多样性,这种现象在经历瓶颈效应或创始者效应后的种群中更为显著。

遗传漂变通过这些随机变化,影响了遗传信息的稳定性和多样性,从而在进化过程中发挥着复杂而微妙的作用。虽然遗传漂变本身是一个随机过程,但其结果对生物种群的适应性和生存能力有着深远的影响,这种影响深刻体现在生物在漫长的时间里不断地适应环境、持续进化的过程中。

**(二)遗传信息表达与功能性影响**

遗传漂变不仅影响遗传信息的结构和频率,还对遗传信息的表达及其对生物体功能性产生影响。这些影响进一步决定了遗传表型的多样性、生殖成功率以及种群在面对环境挑战时的适应性潜力。

**1. 遗传表型与适应性潜力的关系**　遗传表型是指生物体的遗传信息通过复杂的生物学过程表达出来的可观察到的性状,如形态、行为和生理特征等。遗传漂变通过影响基因的频率和组合,间接影响了遗传表型的多样性。这种多样性是生物种群适应环境变化和生存的基础。在特定环境下,一些表型可能具有更高的适应性,使得携带这些表型的个体具有更高的生存和繁殖潜力。

**2. 生殖成功与遗传信息的传递效率**　生殖成功是指个体将自己的遗传信息有效传递给下一代的能力。遗传漂变可以通过改变基因频率,间接影响个体的生殖策略和成功率。例如,某些基因的随机增减可能会增强或削弱个体的生殖能力,进而影响遗传信息的传递效率。

**3. 群体混乱期与生存能力的挑战** 群体混乱期是指种群在遭受环境压力（如资源枯竭、生态位变化等）时，个体之间的竞争加剧，导致生存能力受到挑战的阶段。在这一阶段，遗传漂变可能会加剧种群的不稳定性，因为随机变化可能导致有利基因的丢失或有害基因的积累。当然，遗传漂变也可能促进新的遗传变异产生，为种群提供适应新环境的可能性。

总之，遗传漂变对遗传信息的表达和功能性的影响是多方面的，它通过影响遗传多样性和遗传表型的表达，间接影响了生物的适应性潜力、生殖成功和生存能力。这些影响展示了遗传漂变在生物进化中的复杂角色，既可能构成挑战，也可能提供适应和生存的新机会。

**（三）信息传递和维持**

在生物进化中，信息的有效传递和维持极其重要。它决定了生物种群是否能顺利应对环境变化，成功生存并繁衍下去。

**1. 群体内个体间的信息交流** 在种群内，个体之间的信息交流非常关键。这种信息交流可以行为的方式出现，如复杂的动物社会中的警告信号、食物来源的通告等。同时，遗传信息的传递也是一种重要的信息交流形式，这需要通过繁殖行为进行，如基因的传递。

**2. 次生信息广播产生的表型可塑性** 表型可塑性指的是单一基因型在不同环境条件下产生不同表型的能力。这使生物能够根据环境变化调整自身的行为、形态和生理特性，从而提高自身的适应性。这种响应环境变化的能力本身就是一种信息，它可以通过一种称为"次生信息广播"的方式被传递给其他个体，从而帮助整个种群更好地适应环境。比如动物群体中，有的动物发现了新的躲避天敌的方法（这是它根据环境变化作出的改变，是一种能力），然后通过某种行为（比如特殊的叫声或者动作)把这种信息传递给其他同类,这个过程就是类似"次生信息广播"。

**3. 表观遗传调控维持信息传承的稳定性**　表观遗传调控是生物体对遗传信息进行干预和调整的一种方式,它调控了基因的表达,使遗传信息能够在相同基因序列的背景下表达出各种不同的表型。例如,表观修饰通过邻近区域依赖的修正机制可在不精确遗传模式下实现稳定且可塑性遗传,在细胞分裂复制过程中,基因组信息会传递给子代细胞,同时表观遗传修饰信息也会传递给子代以维持细胞状态。与基因组不同的是,表观遗传在代间的传递是不精确却稳定的,并且具有高度的可塑性,这使得表观基因组能随着细胞命运的转变而改变,并最终帮助维持细胞特定的状态。这种调控系统提供了一种保持信息传承稳定性的机制,使得一些适应性好的基因型和表型能够在变幻莫测的环境中得以维持。

总的来说,遗传漂变影响着信息在种群中的传递和维持,这些信息既包括通过遗传方式传递的基因信息,也包括通过行为和表型可塑性等方式所呈现的环境信息。同时,表观遗传调控机制也在保持信息传承稳定性中起到了重要作用。这种复杂的信息系统使得生物能够在不断变化的环境中生存下去,并发挥出各自的生存优势。

## 三、遗传漂变在信息进化中的作用

遗传漂变在生物信息的进化中起着重要的角色,是生物多样性形成的重要机制之一,增加了生态系统的复杂性和稳定性。遗传漂变所产生的遗传多样性是自然选择作用的基础,有助于生物群体适应不断变化的环境条件。这些作用主要体现在非适应性进化过程中,与自然选择的互动以及在种群演化和生物多样性的驱动作用中。

## （一）非适应性进化过程中的遗传漂变

非适应性进化是指种群的基因频率不是由自然选择所致，而是由像遗传漂变这样的随机过程引起的。

**1. 现代遗传学视角下的遗传漂变**　从现代遗传学视角来看，遗传漂变作为随机过程，对种群基因组构成的影响可以是显著的，特别是在小种群中。这种随机性质使遗传漂变成为非适应性进化的一个重要机制。

**2. 中性理论与遗传漂变的相关性分析**　中性理论是一种解释生物进化的理论，该理论认为大多数遗传变异都是中性的，不受自然选择的影响，而是由随机的遗传漂变驱动。这一理论强调了遗传漂变在生物进化过程中的重要性。

**3. 遗传漂变与种群分化过程的实证研究**　遗传漂变在种群分化过程中起着重要的推动作用。实证研究表明，遗传漂变可能导致物种内部的遗传差异，随着时间的推移，这种差异可能会引发种群的分化，促进新物种的形成。

总的来说，虽然遗传漂变是随机的，但它在生物信息的进化中起着关键的作用，无论是在非适应性进化过程中对基因频率的随机塑造，还是在物种分化的过程中对种群差异的积累和放大，都是展现出强大的影响力。遗传漂变的存在提醒我们，生物进化并非只由自然选择决定，而是多种机制共同作用的结果。

## （二）遗传漂变与自然选择的互动

虽然遗传漂变和自然选择都是生物进化的重要驱动力，但它们的作用方式和影响却有所不同。这两者之间的互动构成了生物进化的复杂性。

**1. 遗传漂变与自然选择的相互制约**　自然选择由环境压力驱动，会"选择"有利于生存和繁衍的基因，推动其在种群中扩散。而遗传漂变则是随机的，可能导致有利基因的丢失或有害基因的扩散。两者可以相互制约,形成一种动态平衡,共同决定种群的进化方向。

**2. 进化门限效应与回路效应** 进化门限效应是指物种适应性的改变需要超过一定的门限,才能在种群的遗传结构上体现出来。这一效应表明遗传漂变和自然选择需要累积到一定的强度,才能影响进化过程。而回路效应则是指一个物种在面对环境压力时,可能分化为两个或多个亚种,将一些基因限制在亚种内部,从而形成相对独立的基因"回路"。

**3. 环境稳定性与进化速率的关系** 环境的稳定性影响着自然选择和遗传漂变在生物进化中作用。在稳定的环境中,自然选择是主要的进化驱动力,因为有利基因可以持续被选择。在不稳定的环境中,遗传漂变则扮演着更重要的角色,因为随机变异可能带来新的适应性特征。

总的来说,遗传漂变和自然选择在生物进化过程中的相互作用和影响非常复杂。理解两者的互动有助于我们更深入地了解生物进化的机制和动力。

**(三)遗传漂变、种群演化与长期趋势**

遗传漂变在种群演化和生物多样性的形成过程中扮演着关键角色。它不仅影响短期的基因频率,也决定了种群的演化趋势和生物多样性的形成与发展。

**1. 微进化与宏进化的相关性探讨** 微进化和宏进化是进化生物学中的两个核心概念。微进化指的是种群基因频率的短期变化,而宏进化指的是物种形成和生物多样性发展的长期进程。遗传漂变对这两个层面都有影响,通过在小规模上引起基因频率的随机变化,这些变化积累起来可能导致新物种的诞生和大规模的生态变化。

**2. 困难条件下信息传承的策略与选择** 在面对环境压力和困难条件时,种群如何保持和传承遗传信息是一个重要的问题。遗传漂变可发挥作用,通过随机变化产生新的遗传组合,进而帮助种群适应新环境或者在困难条件下生存。同时,生物也会发展出其他的策略和选择,如通过性选择、增加遗传多样性,以提高信息传承的稳定性和适应性。

**3. 遗传漂变在形成生物多样性中的潜在价值** 遗传漂变是生物多样性形成的重要机制之一。通过随机地增加或减少某些基因的频率,遗传漂变促进了种群内部和种群之间的遗传差异。长期而言,这些差异可能导致新的生态位被占据,新的物种诞生,从而增加了生态系统的复杂性和稳定性。遗传漂变所产生的遗传多样性是自然选择作用的基础,有助于生物群体适应不断变化的环境条件。

总之,遗传漂变在微观和宏观层面上都对种群演化和生物多样性的长期趋势产生了深远的影响。它通过提供原始的遗传变异为自然选择提供了材料,同时也能在没有选择压力的情况下促进种群分化和物种形成,展现了其在生物进化中的潜在价值。

**(四)遗传漂变的双面性质**

遗传漂变具有双面性,一方面可能导致新的有利变异的出现,一方面也可能造成有害变异的累积,生物进化需要在这种创新与纯净之间寻找平衡。

**1. 遗传背景噪声中的积极角色** 遗传漂变可能在种群内产生新的基因类型,从而为自然选择提供原料。这种新的基因变异可以被看作是遗传背景中的"噪声",虽然大部分可能对个体无益,但部分随机变异可能带来有利于适应环境的新特性,从而在自然选择下得以保留和扩散。

**2. 基因组负担与负选择** 遗传漂变可能导致有害基因的累积,这种现象被称为基因组负担。为了减轻这种负担,生物有可能经历负选择,即自然选择发挥作用倾向于去除有害变异,使得基因组尽可能在最大程度上保持稳定和纯净。

**3. 新颖性产生的信息进化机制** 遗传漂变是生物进化中产生新颖性的重要途径之一。随机的基因变异可以引入新的遗传信息,帮助生物种群解决新的环境挑战,或者开拓新的生态位。这种在面对新环境压力时引入新颖性的途径,是生物进化的重要机制。

总的来说,遗传漂变既可以被看作是生物进化过程中创新性和新颖性的来源,也可以被看作基因组纯净性的威胁。生物需要在创新和纯净之间找到平衡,才能在压力变化的环境中稳定生存并持续发展。

**(五)人类活动对遗传漂变的影响**

人类活动已深入地影响了生物遗传构造和演化过程,主要体现在遗传工程、人工选择和种群保护管理等方面。

**1. 遗传工程与人工选择的影响** 遗传工程使人类可以直接干预生物基因组,这种干预可能引发遗传漂变。通过遗传工程对生物基因组进行修改,人类能够更直接且高效地驱动生物进化,这已在农业和医学领域中得到广泛应用。

**2. 种群遗传管理与人为影响** 对于濒危种群,人类通过进行种群遗传管理,影响其遗传漂变。如选择具有高遗传多样性的个体进行繁殖,以保障后代的遗传健康;通过人工辅助繁殖技术,帮助物种恢复种群数量。然而,过度依赖人工管理也可能带来问题,如过度选育可能导致遗传病的发生率上升,过度干预可能破坏自然演化过程。

**3. 人类活动对野生种群演化的影响** 人类活动不仅改变生物的遗传构造,也影响了生物的生活环境。如人类活动引起的气候变化、环境污染,以及乱捕乱挖等都对动植物种群的演化产生了深远的影响。面对这些挑战,野生种群可能需要通过遗传漂变来应对环境的快速改变,而这一过程可能为演化生物学研究提供新的研究材料。

总的来说,人类活动无疑影响着遗传漂变,以及更广泛的生物演化过程。在应用科技的同时,我们需要对生态环境负责,尊重生命周期,保护生物多样性。

# 第三节　文化传播与社会进化

本节将探讨文化传播的原理与过程,并介绍其在社会进化中的重要作用。我们将描述文化传播的定义和基本理念,然后对文化传播的内容进行更深入地探索。

## 一、文化传播的原理与过程

文化传播是一种主要通过学习、模仿和教育等方式进行的复杂信息交流和分享过程,它在人类社会中扮演着至关重要的角色。

### (一)文化传播的概念

文化传播是指社会与社会、区域与区域以及群体与群体之间传递文化信息的过程,通常涉及信念、规范、技术、艺术等各类文化元素的交流和转移。

**1. 文化传播的基础理念**　文化传播的基本理念是社会成员可以通过学习和模仿来获得并传递文化知识。这一过程中,语言和符号的使用起着关键作用,通过它们人们能够将思想和理念传输给其他人。

**2. 文化传播的内容**　文化传播涉及的内容非常广泛,包括各种信念(如宗教观念和世界观)、规范(如社会和道德规则)、技术(如工具制作和烹饪技术)以及艺术(如音乐、舞蹈和绘画)。这些多元化的文化内容构成了人类社会复杂而独特的文化景观。

**（二）文化传播的机制**

文化传播所依赖的机制包括语言和象征系统、模仿与社会学习，以及创新传播与文化扩散等。

**1. 语言和象征系统的作用**　语言是文化传播的基础工具。它是信息交流的媒介，更是通过定义、解释和界定社会现象来构建和塑造我们对世界的认知。我们通过语言理解并解释环境、经验以及自我。象征系统在文化传播中同样不可或缺，包括文化符号和元素，是文化表达和诠释的基础，为许多抽象的概念和想法提供具象的表达。语言和象征系统共同构建了文化的"符码体系"，成为传播、理解和解释文化的关键工具。

**2. 模仿与社会学习**　模仿是文化传播中非常重要的一种方式。在人类社会中，模仿是一种通过直接复制他人的行为或观点，以便学习或采用新的行为和观点的过程。社会学习是指通过观察和模仿其他社会成员，从而学习社会行为和规则。

**3. 创新传播与文化扩散**　创新传播是一个涉及创建新的文化元素并传播出去的复杂过程，例如新的信念、技术、艺术形式等。文化扩散则是指文化元素的传播或传播到新地区或新人群的过程，例如国家层面的文化传播。这两种机制一起推动了文化的演变和多样性。

总之，文化传播机制是一个多样化的过程，涉及语言和象征系统的应用，模仿与社会学习的过程，以及创新传播与文化扩散的实现。这些机制共同构建了文化交流和共享的动态过程，驱动了社会文化的持续演进和发展。

**（三）文化传播的过程模型**

对文化传播过程模型的理解有助于我们更深入地解析各种文化现象，识别文化变迁的过程和机制。

**1. 文化传播的阶段与动力学分析** 我们通常将文化传播的过程分为创新、传播、接受和融合四个阶段。在文化传播过程中，信息由创新者通过各种途径扩散到其他社会成员，并逐渐被吸纳和融入社会文化中。从动力学角度来看，文化传播受到许多内外因素的影响，如社会结构、技术条件、群体交互等，这些因素可以影响文化变迁的速度、途径以及深度。

**2. 文化接触与交流** 文化传播的过程中，不同文化之间的接触和交流是常见的现象，其结果可能表现为同化、多元化、边缘化和排斥等。同化是指个体或群体在接触和交流中，逐渐吸纳并融入其他文化，将其文化元素转化为自有文化的一部分。多元化则是各种文化在一定程度上保持其独特性的同时，共同构建多元文化社会。边缘化和排斥则表示文化在交流过程中的排斥或忽视，可能导致某一文化或群体在社会中的疏离。

**3. 网络理论在文化传播中的应用** 网络理论为研究文化传播提供了一个有价值的视角。在网络中，文化传播可以被看作是在这个网络中信息、意见和行为的在个体或群体间的传递和扩散。同时，网络结构、网络特性如节点的重要性、网络密度等，也将影响文化传播的过程和结果。

总的来说，理解文化传播的过程模型，有助于我们深入探讨和理解文化交互现象及其内在的影响机制，进而能更好地把握和引导社会文化的发展方向。

## 二、文化传播对信息的影响

文化传播不仅影响我们接收和理解信息的方式，还对我们如何处理、解读信息产生深远影响。

### (一)社会认知和信息处理

社会认知是指人们对社会信息的加工、储存、提取和应用过程并依此形成的社会知识,它在很大程度上决定了我们对信息的处理方式。社会认知的过程透露出文化传播对我们理解世界方式的影响。

**1. 认知失误与信息解读**　人们在处理信息时,常常会受到认知失误的影响。这种失误可能来自对某种信息的偏见、情绪、期待或者文化立场,进而影响人们对信息的解读,甚至可能导致错误的理解。

**2. 记忆、叙事与历史重构**　记忆在信息处理中扮演着重要的角色,它不仅决定人们如何记忆信息,也影响人们如何解释和理解这些信息。叙事作为一种理解和组织记忆的重要方式,将散乱的事实和事件有序地连贯起来,创造出有意义的故事或历史。在此过程中,文化传播可能会通过影响人们的价值观、思维方式等,对记忆、叙事甚至历史重构产生影响。

**3. 确认偏误与群体思维的信息筛选**　确认偏误是指人们倾向于寻找和接纳符合自己已有认知和观点的信息,而忽视或排斥与自己观点不符的信息。群体思维是一种人们在群体中形成共识的现象,限制了信息的多样性。这两种现象都能影响信息的筛选,并从文化传播的角度解释了在某些社会或群体中,某些信息比其他信息更容易被接收和传播的原因。

**(二)文化信息的自我组织与演化**

随着时间的推移和社会的发展,文化信息也会进行自我组织和演化,形成更为复杂和多元的文化格局。

**1. 信息的选择与适应**　文化信息的自我组织过程可能与生物演化过程类似,经历了选择、变异和适应等环节。在大量文化信息中,那些与社会环境和文化背景相适应的信息更容易被社会成员接收并继续传播,而那些不适应的信息则可能被淘汰。

**2. 矛盾与对立思想的整合**　在文化传播过程中,常常会出现矛盾的或者对立的信息。如何整合这些矛盾的信息,达到平衡,是信息演化的重要过程。有时候,这也会引发创新和变革。

**3. 创新的信息簇集效应** 在某些情况下,一些创新信息会产生簇集效应,迅速在社会中广泛传播和应用,进而带动文化的变革。

总体而言,文化信息的自我组织和演化,既包含了信息的选择与适应过程,又涉及矛盾信息的整合和创新信息的广泛传播,这些因素一起推动了文化的繁荣和多元化性发展。

**(三)社会结构对信息流动的影响**

社会结构是影响信息流动的重要因素,它通过定义信息通道、设定流动壁垒、提供传播媒介等方式,对信息的传播产生重要影响。

**1. 社会分层与信息壁垒** 社会分层与阶级制度常常成为影响信息流动的重要壁垒。在一些社会中,高阶级或专业群体可以获取更多的信息,并控制信息的传播,而低阶级或边缘群体常常面临信息匮乏的问题。这种现象常被视为信息不平等或信息鸿沟。

**2. 权力关系与信息控制** 权力关系也是影响信息流动的重要因素。某些情况下,掌握权力的团体或个人可以控制信息的生成和传播,塑造公众的知识和观念,进而维持和强化其权力地位。

**3. 社会网络与信息传播的效率** 社会网络是信息流动的重要通道。一般来说,网络结构的复杂度以及链接的强度和方向,都可以影响信息传播的速度和范围。例如,更紧密的社区网络可以加速信息的传播,而更分散的网络则可能阻碍信息的流动。

总的来说,社会结构通过影响信息的获取、选择和流动,而对文化传播过程产生重要影响。这也揭示了社会结构不仅决定了个体和群体的生活方式,也塑造了信息和文化的传播模式。

## 三、文化传播在社会信息进化中的作用

文化传播在社会信息演变和进化中具有重要作用。它既起到了信息的保存与传承作用,又能通过创新与交流推动社会文化的更新和演进。

### (一)文化遗传

文化遗传是指文化信息和社会行为的传承过程,它提供了一种社会机制,使得一代人的经验和知识可以传递给下一代,从而维系社会行为和信息的稳定性。

**1. 传统与习俗的角色** 在文化遗传中,传统和习俗在维系社会行为和信息稳定性中扮演了重要角色。通过传统和习俗,社会行为模式、思想观念或社会规则得以保存,并在社群中实现传承。

**2. 法律、宗教与道德系统** 法律、宗教与道德系统是构成文化遗传的重要机制,它们定义了社会行为规范,指导了行为方式,塑造了价值观,深刻影响信息的稳定性和社会行为模式。

**3. 文化惯性与变革动力** 文化惯性是指文化体系形成后,呈现出的维持现状、抵抗变革的倾向,这有助于维持社会行为和信息的稳定性。然而,新信息的出现、新环境的挑战以及社会成员的需求变化等,都可以产生变革动力,推动社会文化的更新和演进。

综上所述,文化传播在社会信息进化中起着重要作用,既通过文化遗传确保社会行为和信息的稳定性,又通过引入变革动力推动社会文化的创新与发展。

## （二）文化与社会适应性

文化对社会适应性的重要性体现在多个层面，不仅表现在文化本身的演化和变革能力上，还表现在其如何使社会群体更好地适应环境的变化中。

**1. 文化适应的生物学基础**　文化适应的生物学基础在于，文化是人类适应环境变化的一种重要机制。人类使用工具、发展语言、形成社会结构等，都是文化适应的表现。这些适应性行为帮助人类在地球上的各种环境中生存和繁衍。

**2. 人类行为与生态系统的共进化**　人类的行为和生态系统之间存在共进化的关系。随着人类对环境的影响增加，人类的文化行为也在不断地调整以适应这些变化。例如，农业的发展不仅改变了人类的食物来源，同时也改变了地球的生态系统。人类文化和生态系统的这种相互作用，促进了人类行为与自然环境之间的共进化。

**3. 社会困境与文化方案**　社会困境，如资源匮乏、环境变化、社会冲突等，往往需要文化层面的解决方案。文化创新和社会规范的调整可以帮助社会群体更好地应对这些挑战。例如，社会通过发展新的技术、制定有效的管理制度、调整消费习惯等方式，来适应资源的有限性和环境的变化。

综合来看，文化与社会适应性紧密相关。文化不仅为人类提供了一套生存和发展的工具和规范，还使得社会能够在不断变化的环境中保持稳定和持续发展。通过文化的演化和适应性变革，社会能够面对各种挑战，寻找到合适的解决方案，从而保证了人类社会的持续进步。

## （三）社会结构的复杂性与信息处理

社会结构的复杂性对信息处理产生了重要影响，这种影响体现在组织和系统理论的运用、社会技术创新与制度发展的相互作用，以及社会进化中的信息反馈与自我调节等方面。

**1. 组织和系统理论在社会结构分析中的运用**　组织和系统理论在分析社会结构复杂性方面提供了重要工具,基于该理论,我们可以解释并理解社会结构对信息流动、识别、处理和使用所施加的影响。例如,一个组织的结构和流程设计如何决定信息的筛选和传播,以及系统理论如何帮助我们理解社会的复杂互动和反馈机制等。

**2. 社会技术创新与制度发展的相互作用**　在社会结构的复杂性中,社会技术创新与制度发展的相互作用也表现得尤为明显。我们常常可以看到,新的技术创新推动了制度的更新与变革,反之,制度安排和社会规范也可以引导和塑造技术发展的路径。这种相互作用使得社会结构容纳了多元的信息,并提供了丰富的处理方式。

**3. 社会进化中的信息反馈与自我调节**　社会进化的过程中,信息反馈与自我调节也显示出社会结构的复杂性。在社会进化过程中,通过对信息反馈的利用,社会能自我调节和适应。例如,一个社会的困境或问题在被识别、公开并引发讨论后,可以通过社会机制寻找和落实相应的解决方案,这也是一种信息反馈与自我调节的过程。

总的来说,社会结构的复杂性使得信息处理在社会中更显重要,也使得我们需要持续研究和理解其在社会文化演化中的角色和影响。

**(四)全球化对文化进化的影响**

全球化对文化进化产生了深远影响,改变了信息流动的方式和速度,加快了全球文化的交流与融合,同时也带来了新的挑战和问题。

**1. 文化全球化的范式模型建构**　全球化推动了文化全球化的范式模型建构,提供了一种新的视角来看待文化交流和碰撞。全球化的过程使得原本分散和隔离的文化开始交流和融合,形成了新的全球文化范式。在这个模型中,不同的文化可以在全球范围内迅速传播,并对其他文化产生影响。

**2. 跨文化影响下的信息同质化与多样性保护** 全球化的过程中,信息的同质化与多样性保护之间的矛盾成为一项重大挑战。全球化使得不同国家和地区的生活方式、价值观、商业模式等快速传播到世界各地,使得全球的信息趋于同质化。由于文化多样性是维系人类文化生态丰富性和平衡的重要因素,因此我们要保护局部文化的多样性。

**3. 社会网络在全球文化传播中的功能和挑战** 社会网络在全球文化传播中具有重要功能,它可以促进信息快速传播和文化交流。但同时,它也带来了一些挑战,如信息过载、网络滤泡、信息安全等。如何运用好社会网络,提高其在全球化中的作用,同时克服挑战,是需要全球共同努力来解决的问题。

总之,全球化是一把双刃剑,对文化进化带来了机遇和挑战。我们应在看到其积极面的同时,注意解决其对文化多样性和社会网络带来的问题。

**(五)人工智能与数字化对文化演化的影响**

人工智能与数字技术的发展极大地推动了文化演化,改变了信息收集、处理和传播的方式,从而对文化传播模式、社会行为预测模式等方面产生了深远影响。

**1. 数字技术与文化传播模式的转变** 随着互联网、移动设备和社交媒体的发展,越来越多的文化信息以数字形式创建、存储和传播。这种转变使得信息的传播速度、范围和效率有了显著提升,人们可以随时随地获取和分享信息,个人的创新和思想可以迅速传播到全球范围,这从根本上改变了文化传播模式。

**2. 大数据与社会行为预测模式** 在大数据时代,我们能够收集和处理大量的社会信息,如购物记录、搜索记录、社交网络行为等数据。通过对这些数据的分析,我们能预测人们未来的行为、消费趋势,甚至社会发展的方向等,从而可以更好地理解和引导社会文化的演变。

**3. 引导和塑造文化趋势**　人工智能能够从海量的数据中发现规律,对信息进行深度学习,甚至创造新的艺术和文化形式。因此,人工智能很可能在未来成为引导和塑造文化趋势的重要力量。同时,我们也需警惕人工智能可能带来的挑战,如数据隐私、伦理问题、AI决策的可解释性等问题。

总的来说,人工智能与数字化对文化演化起到了重要作用。我们应积极利用这些新技术来推动文化的创新和发展,同时也要关注和解决由此带来的新问题。

# 第四节　人类行为与信息创新

本节探讨的是人类行为如何影响信息的创新以及信息如何塑造人类的行为,特别是从社会学的角度分析这种相互作用。

## 一、人类行为对信息的影响

人类行为对信息的影响是多方面的,包括如何创造、传播、接收以及利用信息。人类的行为和决策过程在信息的创新中起着核心作用。

### (一)从社会学角度理解人类行为

社会学提供了一套理论框架,帮助我们理解人类行为如何在社会中形成,以及这些行为如何影响信息的流动和创新。

**1. 社会规范与行为模式**　社会规范定义了在特定情境下什么样的行为是可接受的,什么样的行为是不可接受的。这些规范塑造了行为模式,影响信息的创造、传播和接受方式。例如,一个社会的开放性程度可以影响创新信息的接受和扩散速度。

**2. 社会角色与行为预期**  每个人在社会中扮演不同的角色,每个角色都有相应的行为预期。这些角色和预期指导个人如何处理和分享信息。比如,教师、科学家和政策制定者在信息传播中扮演的角色和行为预期就大不相同。

**3. 社会结构对个体行为的限制**  社会结构,如家庭、教育体系、经济和政治系统,对个体的行为有着重要的限制作用。这些结构决定了信息流动的渠道、速度和方向,从而影响信息的创新和使用。例如,一个高度分层的社会可能限制某些群体接触和创造新信息的能力。

综上所述,人类行为与信息的创新是相互影响的。社会学提供的理论工具帮助我们深入理解这种复杂的相互作用,特别是社会规范、角色和结构如何塑造我们对信息的创造、传播和接收。

**(二)心理学视角下的行为与认知**

从心理学的角度来看,人类的行为和认知对信息的创造、接收和处理有着深刻的影响。这包括认知偏差如何影响我们的决策,我们如何感知和处理信息,以及情绪和动机在信息选择中的作用。

**1. 认知偏差对决策的影响**  认知偏差是指人们在信息处理和决策过程中的系统性错误。这些偏差可以极大地影响我们对信息的解释和应用。例如,证真偏差(confirmation bias)使人们更倾向于接受那些符合他们预先信念的信息,而忽视或否认与之相悖的证据。这种偏差在决策过程中可能导致错误的判断和选择。

**2. 感知与信息处理**  人类如何感知信息,以及如何处理这些信息,是心理学研究的重要领域。我们的感知系统,如视觉、听觉、嗅觉、触觉和味觉等,能对环境中的信息进行编码。但是我们的大脑并非单纯被动接收信息,而是会积极地解释和组织这些信息,这一过程受到以往经验、内心预期以及当下心理状态的影响。

**3. 情绪与动机在信息选择中的作用**　情绪和动机对我们选择和处理信息有着重要的影响。情绪状态可以影响人们对信息的注意力、记忆以及解释。例如,当人们处于积极情绪状态时,可能更倾向于注意到和回忆起积极的信息。行动的内在驱动力,同样影响人们对信息的选择和优先级。人们更倾向于寻找和关注对实现目标有用的信息。

总的来说,在人类行为与认知如何影响信息处理方面,心理学视角提供了深刻的见解。认识到这些心理学因素对于设计有效的信息传播策略、提高决策质量以及理解信息如何在社会中流动和影响人们是至关重要的。

**(三)人类行为的生物学基础**

人类行为不仅受社会和心理因素的影响,同时也受制于我们自身的生物性。从进化心理学对人类本能与行为进化历程的剖析,到脑科学对大脑结构与功能如何左右人类行为及信息处理机制的探究,再延伸至生物钟对人类日常节律性活动的调控以及周期性行为所展现出的规律特征的研究,生物学在理解人类行为和信息处理方面提供了多维度且相互关联的重要视角。

**1. 进化心理学与行为基因**　进化心理学认为我们的行为和决策模式可以追溯到生物祖先,并在进化的过程中逐步形成。例如,人类对甜食和肥腻食物的偏好,可能源于在早期人类生活中这两类食物是稀缺资源的事实。

**2. 脑科学与信息处理**　人脑是我们信息处理的中心。通过神经科学研究,我们可以更深入地理解人类如何接收、处理和记忆信息。比如,大脑中的额叶负责决策和规划,颞叶则涉及记忆的形成和管理。

**3. 生物钟与周期性行为的信息效应**　我们的生物钟或者说昼夜节律,对我们的行为模式、精神状态以及对信息的接受度都有影响。例如,人们在一天中的不同时间对信息接收和处理能力可能存在差别。这为我们探究在何时接收和处理信息最有效,以及如何调整我们的生活模式以提高效率等问题,提供了线索。

总的来说,人类行为的生物学基础在我们理解和解释人类如何对信息进行处理与创新的过程中,起着不容忽视的作用。

## (四)人类交互与沟通方式

人类交互与沟通方式对信息的创造、传播和接收至关重要。这包括语言沟通的力量与限制、非言语沟通的作用,以及数字时代交互模式对信息流通的影响。

**1. 语言的力量与限制**　语言是人类沟通最直接、最有力的工具。它不仅能够传达具体的信息,还能表达情感、意图和社会身份等抽象信息。然而,语言也有其限制。语言的模糊性、多义性可能导致信息的误解。此外,不同语言和方言之间的差异可能造成交流的障碍。

**2. 非言语沟通与隐含信息传递**　非言语沟通,如肢体语言、面部表情、眼神交流和声音的音调,是信息传递中不可忽视的部分。非言语信号可以强化、补充甚至否定言语信息的内容。在某些情况下,非言语沟通传递的信息可能比言语本身更丰富、更直观。

**3. 数字时代的交互模式与信息流通**　数字技术的发展创新了人类的交互模式和信息流通方式。社交媒体、即时通讯和在线协作工具等使得信息能够以前所未有的速度和规模传播。虚拟现实和增强现实等技术为人们提供了全新的交互体验，使沟通更加立体和直观。然而，这也带来了信息过载、隐私保护和网络安全等挑战。

综上所述，了解和掌握不同的交互与沟通方式对于有效地传递和接收信息极为关键。在数字时代，我们需要不断适应新兴的交互模式，但同时也要意识到这些模式所带来的挑战和机遇。

**（五）行为对信息编码的影响**

人类行为对信息编码和传播起着极为关键的作用。这一点体现在行为语言的使用、符号系统的构建，以及技术和工具在知识保存和传递中的应用。

**1. 行为语言与信息封装**　行为语言是人类交流的重要组成部分，它涉及使用身体动作、表情、手势等非言语方式来传达信息。这种信息传递方式能够跨越语言障碍，实现更直接和本能的沟通。例如，人们通过脸部表情和手势来传递情绪和意图，这种方式在人类早期社群中就已经被用来加强语言沟通，提高信息的传递效率和准确性。

**2. 符号系统与抽象思维**　符号系统是人类用来表示、组织和理解世界的基础工具，包括语言、数学符号、艺术作品等。借助这些符号系统，我们可以进行抽象思维，创造出不直接反映物理现实的概念和理论，编码、存储和传递复杂的信息，从而在科学、文化和技术等领域实现创新。

**3. 技术与工具使用**　技术和工具在信息编码、保存和传播中扮演了关键角色。从古代的泥板和纸张到现代的数字存储设备，技术的进步极大地增强了我们保存知识的能力。这不仅使信息能够跨越时间和空间被访问，而且还促进了知识的积累和传承。技术使我们能够以更高效、更安全的方式编码和存储信息,为未来的学习和创新提供了基础。

综上所述,人类行为对信息编码有着深远影响,涉及行为语言、符号系统的构建,以及技术和工具的应用。这些要素共同定义了信息如何被创造、保存和共享,对知识的传播和文化的发展起着至关重要的作用。

## 二、人类行为在信息进化中的作用

人类行为在信息的进化中扮演了至关重要的角色。从行为变迁到社会转型,人类所开展的各类活动和决策不断地塑造或重塑信息的流动态势和发展方向。

### (一)行为变迁与信息演化的关系

行为变迁和信息演化之间存在着密切的联系。随着社会的发展和技术的进步,人类行为的改变往往伴随着信息传播方式、内容和速度的变化。

**1. 经典案例** 历史上有许多案例展示了人类行为变迁如何推动信息演化。例如,印刷术的发明极大地增加了信息的可获得性和传播速度,改变了人们的学习习惯和知识传播的方式。在数字时代,社交媒体的兴起改变了人们的交流方式,促进了信息分享的即时性和广泛性。

**2. 行为适应性与信息响应** 人类行为的适应性在信息进化中起着关键作用。随着环境的变化,人们通过调整自己的行为来应对新的信息环境,这种适应性反过来促进了信息的演化。例如,人们对于新技术的接受和使用不仅改变了信息的传播途径,也促进了新的信息形式和内容的产生。

**3. 行为创新促进信息演化** 在社会转型期,行为创新尤其能够促进信息的演化。社会、经济和技术的重大变革创造了新的行为模式和交流方式,这些新的模式和方式进一步推动信息的创新和演化。例如,在移动互联网和智能手机普及的当下,人们的消费行为、社交习惯和工作方式都发生了变化,这些变化促进了大数据、人工智能等信息技术的发展和应用。信息技术的发展又反过来为人们提供了更多创新行为的工具与平台,形成了行为与信息相互促进、螺旋上升的良性循环。

综上所述,人类行为和信息进化之间存在着相互促进的关系。行为变迁不仅是信息演化的推动力,同时也是其结果,这种动态的互动过程持续塑造着我们的信息环境和社会结构。

**(二)行为选择与信息创新的交叉影响**

行为选择与信息创新在多个层面上互相影响,这包括在选择理论中的行为动力学、创新扩散与社会模仿行为模式,以及个体差异引致的信息多样化。

**1. 选择理论下的行为动力学**　在选择理论的框架下,人们的决策和行为被视为一种优化过程,旨在满足个人的需求和偏好。这种反应被称为行为动力学,它对信息创新有深远的影响。例如,用户对高清视频的需求推动了视频编码技术的创新。反之,新的信息服务和产品也影响着个人的行为选择。例如,社交媒体的出现改变了人们交流和获取信息的方式。

**2. 创新扩散与社会模仿行为模式**　创新的扩散往往在社会模仿行为中得以实现。带头者的行为被其他人复制和传播,从而推广新的信息工具、服务或概念。这个过程同时也塑造了新的社会规范和行为模式。例如,社交媒体分享的行为规范助推了用户生成内容的扩散,这进一步推动了信息创新。

**3. 个体差异导致信息多样化**　个体差异对信息的接收、处理和使用产生影响,从而导致信息的多样化,如年龄、性别、文化背景和技能水平等。这种多样化为信息创新提供了丰富的土壤。例如,针对不同年龄段的用户,信息产品的设计、功能和用户界面常常需要进行调整以满足其特殊需求。

总的来说,行为选择、创新扩散和个体差异等因素在人类行为与信息创新中互相交织,共同推动了信息的进化和变革。

**(三)行为学派在信息进化论中的重要地位**

在信息进化论的研究和理解中,不同的行为学派提供了独特而深刻的视角。行为主义、认知心理学、构建主义和行动理论等均在阐释人类处理、分享与创造信息的行为逻辑及内在机制方面发挥着关键作用。

**1. 行为主义、认知心理学与信息理论** 行为主义关注于可观察的行为反应和外部刺激之间的关系,强调奖励和惩罚在行为形成中的作用。在信息进化论中,这有助于解释信息如何通过反馈机制影响人类行为。而认知心理学将研究方向转向内部的心理过程,包括知识获取、处理、存储和回忆,为理解个体如何内化和处理信息提供框架。信息理论则从数学和工程的角度探讨信息的传输和处理模式,为量化信息流动提供了基础。

**2. 构建主义与个体经验的信息贡献** 构建主义强调知识和意义是通过个体与环境的互动构建而成的。在信息进化论中,这个观点揭示了个体经验和主观解释在信息创建和理解过程中的重要性。构建主义认为,人们接收信息时不是被动接收,而是会根据个人的主观框架和过往经验来构建和解释这些信息。

**3. 行动理论与实践中的知识发展** 行动理论关注人们的行为如何受到其意图和目标的指导,强调知识和理解是通过实践活动产生的。这一观点对信息进化论具有重要意义,因为它强调了实践环节的知识创新和信息使用。通过实践,人们不仅应用现有信息,还创造新的信息,推动信息的进化。

综上所述,行为学派在信息进化论中的地位体现了不同理论对理解和解释信息进化过程的贡献。每一种理论都从不同的角度提供了洞见,帮助我们更全面地理解信息在个人和社会层面上是如何被处理、传播和创新的。

**(四)文明演进与人类行为的长期作用**

在文明的演进过程中,人类行为对信息的传递、储存和创新起着持久而深远的影响。历史的维度、文化的传承和社会的进步都从不同方面展现了这种作用。

**1. 历史视角下的行为与信息传递** 从历史的视角来看,人类行为是推动信息传播和演化的重要动力。石器时代的工具制作技巧、文字的发明以及印刷术的出现等,都是人类行为促进信息传递方式演变的体现。这些改变反过来推动了社会、文化和科技的进步。

**2. 文化传承与行为习俗的信息储备** 文化传承和行为习俗是信息储备的重要方式。从祖先那里学习到的知识、技能和价值观,通过行为的模仿和习俗的实践被传递给下一代。这些文化元素和行为代码构成了人类文明的信息库,不断积累和丰富着人类的知识资本。

**3. 社会进步与行为模式演化分析** 随着社会的进步,人类的行为模式也在不断演化。工业化和信息化时代的到来,人们的工作方式、生活习惯和交流方式发生了深度变革,这些行为的变化也推动了信息的创新和传播方式的进步。例如,在数字时代,网络行为成为人类彼此交往联络和信息交流的重要形式,这个新的行为模式正在对信息的产生、流动和应用产生深远影响。

**(五)全球化与数字化对信息与行为的影响**

在全球化和数字化的背景下,信息与行为之间的相互作用面临着新的挑战和变革。这些挑战不仅影响着行为的同步与异化,还促进了新的行为规范的形成,并要求人们在虚拟环境中展现出高度的信息适应性。

**1. 全球化趋势下的行为同步与异化**　全球化推动了文化、经济和信息的跨界流动,这在一定程度上导致了全球范围内行为的同步。例如,全球化使得不同国家和地区的消费文化和生活方式在全世界范围内被广泛采纳。然而,这种同步并非毫无阻碍,不同文化背景和价值观的存在也促进了行为的异化,即使在相同的全球化影响下,不同地区和群体仍然可保持着独特的行为习惯和生活方式。

**2. 数字文化在塑造新的行为规范上的作用**　数字文化通过网络平台、社交媒体和其他数字技术塑造了新的行为规范。这些规范影响了人们的沟通方式、信息消费习惯和社会互动。例如,社交媒体的使用促进了即时通信和分享文化,而在线协作工具则改变了工作和学习的模式。数字文化也促进了包容性和多样性的价值观,因为它提供了一个平台,让不同背景的人们可以表达自己的想法并被其他人听到。

**3. 虚拟环境与信息生态适应性行为**　在数字化的世界里,虚拟环境成为信息交流和社会互动的重要场所。人们需要展现出高度的适应性,以在不断变化的信息生态中生存和成功。这包括学习如何识别和应对网络上的虚假信息、保护个人隐私以及在数字平台上建立健康的社交关系。适应性行为也体现在个人如何利用数字工具来提高工作效率、参与社会活动和进行创造性表达。

总的来说,全球化和数字化对信息与行为的影响是深远和复杂的。它们不仅改变了人们的日常生活和社会互动的方式,也对个人的认知模式和价值观产生了影响。在这样的背景下,适应性和创新成为个人和社会成功面对当代挑战的关键。

# 第五节 信息技术与生命信息系统进化

## 一、信息技术的发展与应用

### (一)信息技术的历史演进

信息技术的快速发展对整个社会产生了深远影响。从早期的计算机系统到互联网,再到移动技术和智能设备,每一次技术革新都极大地推动了社会的进步和生命信息系统的演化。

**1. 计算机系统与数据处理** 早期的计算机系统为数据处理和信息管理提供了全新的方法。这些大型的、昂贵的设备最初被用于科学研究和军事目的,但随着技术的成熟和价格的下降,计算机逐渐进入了日常生活和商业领域。计算机使得数据处理更加快速和精准,同时也为更复杂的信息处理任务提供了工具,如编程和数据库管理。

**2. 互联网的兴起和全球网络化** 互联网的兴起进一步推动了信息技术的发展。此前分散的计算机系统被连接成了一个全球网络,使得信息传输速度大大提高,同时也使得远程通信和信息共享成为可能。互联网改变了人们获取、处理和分享信息的方式,对社会生活的各个方面产生了深远影响。

**3. 移动技术与智能设备的普及** 随着移动技术和智能设备的普及,信息技术进入了一个全新的阶段。这些设备使得人们在任何时间、任何地点都可以获取和分享信息。智能手机、平板电脑和便携式电脑变得越来越普遍,人们的生活和工作方式也因此发生了根本性的改变。此外,各种应用程序的开发,使得这些设备的功能更加丰富和多样,为人们提供了更便捷的服务。

综上所述,信息技术的历史演进为生命信息系统的发展提供了强大的动力。无论是初期计算机系统的引入、互联网的普及,还是移动技术的发展,都对信息的获取、处理和分享方式产生了深远的影响,从而推动了生命信息系统的演变。

**(二)当代信息技术的主要趋势**

当代信息技术的发展主要集中在云计算、大数据、人工智能和物联网等方向,它们正在改变世界。

**1. 云计算与大数据分析**  云计算将网络中的服务器作为一种共享的资源,用户通过互联网可以随时随地获取所需的硬件、软件和信息资源,这大大提高了计算效率和便利性。同时,大数据分析正在改变我们理解和解决问题的方式。通过收集、解析和挖掘大规模的数据,我们能够发现数据背后更深层次的关联和规律,为决策提供有力的数据支持。

**2. 人工智能与机器学习算法**  人工智能是指让机器模拟和实现人的智能的技术,包括理解自然语言、识别图像、解决问题等。机器学习则是实现人工智能的重要手段之一,其核心是让机器通过算法从数据中学习知识和规律,而无须被明确编程。可见,人工智能与机器学习正在为人类开启全新的可能性和机遇。

**3. 物联网和智能家居**  物联网(IoT)是通过网络将物体与物体进行连接,进行信息交换和通讯,实现智能化,这正在促进新一代的工业革命。其应用非常广泛,例如智能家居,通过联网的家电产品和智能系统,用户可以实现远程控制和自动化管理,大大提升生活品质。

总的来说,当代信息技术的发展正在深刻地影响和改变我们的生活、工作和学习方式,让我们能更好地理解世界、解决问题,同时也不断推动着生命信息系统的演化。

## （三）信息技术的广泛应用领域

随着信息技术的快速发展,其应用领域也变得越来越广泛,尤其是健康医疗、生态环保以及金融科技等领域。

**1. 健康医疗与生命科学** 在健康医疗领域,信息技术的应用正在改变诊疗方式和健康管理模式。例如,医生可以通过远程诊断和治疗救治更多患者,而患者也可以通过智能设备对自身健康进行管理。此外,生命科学领域的研究也受益于信息技术的发展,比如基因测序、疾病预测和药物研发等。

**2. 生态监测与环境保护** 在生态监测与环境保护领域,信息技术同样发挥着关键作用。通过各类监测设备和系统,人们可以对环境变化进行实时监控,及时发现并应对各种生态问题。同时,利用大数据和人工智能,人们也可以对环保问题进行更精确地预测和分析,从而提供有效的解决方案。

**3. 金融科技与商业智能** 在金融科技领域,信息技术正在改变传统金融业的运行模式。云计算、大数据、区块链等技术的应用,使得金融服务更加便捷、高效和安全。商业智能则是信息技术在企业和商业领域的重要应用,通过收集、整理和分析数据,帮助企业进行决策,优化运营。

总的来说,信息技术正渗透到社会的各个领域,对社会的发展产生深远影响。同时,信息技术也在不断演进和创新,未来的应用场景将更加广阔。

## （四）挑战与风险

信息技术的发展确实提供了便利,但与此同时,也带来了一系列的挑战和风险,具有“双刃剑”效应。

**1. 数字鸿沟与信息不平等** 数字鸿沟是指在信息技术获取和利用方面存在的不平等。这种不平等可能基于地域、社会、经济、文化、年龄等因素,使得一部分人无法充分享受信息科技带来的便利,甚至在某种程度上加剧了社会的分层和差距。同时,这种信息不平等也难以保障所有人的信息权益,限制了个人的发展及社会进步的步伐。

**2. 隐私权、安全性与伦理问题**　随着云计算、大数据和人工智能的普及,隐私权、信息安全和伦理问题日益突出。信息泄露、黑客攻击等风险一直存在,这不仅威胁到个人隐私或企业的商业秘密,也影响到社会稳定。此外,伦理问题也日益严重,包括数据滥用、人工智能决策公正性等都引发了公众的广泛关注和讨论。

**3. 技术依赖与心理健康影响**　虽然信息技术为生活、工作带来了便利,但过度依赖技术也可能带来一系列心理健康问题,如社交焦虑、孤独感、注意力不集中等。长时间面对屏幕、过度消费,以及过度依赖虚拟社交,也可能对心理健康产生负面影响。

这些挑战与风险需要我们面对和解决,以便更好地利用信息技术,使其真正成为推动社会进步的工具。同时,我们也需要进一步提高公众的信息素养,理性对待和使用信息技术,避免陷入过度依赖。

## 二、信息技术对生命信息系统的影响

随着信息技术的发展,生命信息系统开始逐渐进化,在信息收集、信息传递、信息处理以及信息利用各个环节均有体现。

### (一)信息收集

在信息技术的辅助下,我们可以更有效地收集和利用生命信息,为后续的信息提取、加工处理和反馈提供信息基础。

**1. 生物传感器与实时监测系统**　生物传感器和实时监测系统通过对各种生理信号持续监测,为我们提供了前所未有的大规模生命信息。比如,心率监测器可以实时地记录和上传个体的心率信息,而肌电图传感器则可以精确地监测肌肉的电活动。

**2. 遗传信息的数字存储与分析** 通过现代生物信息技术,我们可以将复杂的遗传信息数字化,并使用各种计算工具对其进行深入挖掘和分析。比如,基因测序技术可以将人类的基因信息转化为大量的数字数据,再利用计算机程序对这些数据进行分析,从而揭示个体的遗传特性,预测疾病风险等。

**3. 个体健康与行为的追踪技术** 追踪技术可以实时监测和记录个体的行为与健康情况,进一步丰富了我们的生命信息数据库。例如,智能手表和健康应用程序可以实时记录我们的活动数据,包括步数、热量消耗、睡眠质量等,这些数据可以帮助我们更好地理解自己的健康状况,也可以为医生诊疗提供决策依据。

**(二)信息传递**

信息技术的快速发展极大地促进了信息传递的效率和安全性,尤其在无线技术、加密技术以及社交媒体的应用方面。

**1. 无线技术与远程医疗** 无信息无线技术的发展,特别是移动互联网和卫星通程信的普及的,为远程医疗的安全性和可靠性提供了强大技术支持。通过智能语音交互、视频通话等技术实现医生对患者的远程诊断和治疗,甚至远程手术。社交媒体作为一种强大的信息传播工具,对信息流的贡献不容忽视。它改变了信息传播的速度和范围,使得信息能够迅速扩散至大量受众。社会媒体上的信息扩散机制,如趋势话题、热门推送等,能够在短时间内引起广泛关注,对公众意见形成、群体行为等产生重大影响。通信技术的进步不仅加速了信息的流动,也增强了信息传递的多样性和安全性。这些技术的应用跨越了健康医疗、商业交易、社会管理等多个领域,极大地促进了信息化社会的发展。

**2. 加密的进步技术在保护敏感信息传输中的应用**　在信息传递过程进中,保护敏感信息的安全性至关重要。加密技术的应用确保了数据传输的安全,有效防止数据泄露和被窃取,以及被未经授权的第三方所截取和篡改。在远程医疗、网络通信、金融交易等领域,加密技术在保护个人隐私和敏感信息上展现了其重要价值。

**3. 社交媒体与群体行为的信息扩散机制**　社交媒体作为一种新兴的通信平台,极大地促进了信息的快速扩散。它不仅改变了人们获取信息的方式,还影响了群体行为。通过社交媒体,信息可以迅速传播至大量用户,促进了各类意见的形成和相互之间的深度交流。同时,社交媒体也为研究群体行为提供了丰富的数据,帮助社会科学家更好地理解社会动态和群体心理。

总的来说,通信技术的进步不仅促进了信息的快速、安全传递,而且在信息安全保护以及社会信息扩散等方面发挥了重要作用,显著影响了现代社会的信息流动方式。

**(三)信息处理**

信息处理是连接信息收集和信息应用的关键环节。现代信息技术的发展,特别是人工智能和大数据等技术,极大地增强了我们将收集到的数据转化为知识的能力。

**1. 计算模型在仿生学与复杂系统分析中的使用**　计算模型,特别是仿生计算模型,如遗传算法、蚁群算法等,广泛应用于复杂系统的分析和优化。这些模型通常基于自然界的某种现象或行为模式而构建,借助计算机模拟复杂问题的解决过程,帮助我们理解并解决现实世界中的复杂问题。

**2. 大数据分析在遗传学和表观遗传学的适应**　大数据技术的应用极大地推动了遗传学和表观遗传学的发展。通过大规模的基因组数据分析,科学家可以发现遗传变异与疾病之间的关联,提供疾病预防和个性化治疗的新思路。而在表观遗传学领域,大数据的应用更是助力于我们理解环境因素如何影响基因的表达和功能。

**3. 神经网络模拟在认知科学和神经生物学中的应用**　神经网络模拟是借鉴人脑神经元连接方式,创建人工智能模型,这为认知科学和神经生物学的研究提供了重要工具。比如,深度学习技术是建立在神经网络基础上,被广泛用于图像识别、语音识别等方面。同样,神经网络模拟在模拟生物神经系统、理解人脑功能、诊断和治疗神经系统疾病等方面也起到了重要作用。

总的来说,信息处理技术对生命信息系统的影响是深远的,它不仅增强了我们从数据到知识转化的能力,而且在仿生学、遗传学、认知科学等领域推动了科学研究和应用的发展。

**(四)信息利用**

信息技术不仅在生物信息的收集、传递、处理方面发挥着关键作用,而且在生物信息的应用方面也展现了其巨大的潜力和价值。

**1. 制药研发与定制医疗**　在制药研发领域,信息技术通过高通量筛选、计算化学和生物信息学等手段,显著加速了新药的发现和开发过程。定制医疗(精准医疗)则利用患者的遗传信息,结合大数据分析,为患者提供个性化的治疗方案,显著提高了治疗的有效性和安全性。

**2. 生态数据在自然资源管理中的运用**　信息技术在自然资源管理中的应用,特别是在生态数据的收集和分析方面,为生态保护和可持续发展提供了强有力的支持。通过遥感技术、地理信息系统(GIS)等手段,可以实时监控森林覆盖率、水资源状况等生态指标,为生态保护和资源管理提供科学依据。

**3. 生物技术在农业与食品产业的革新** 生物技术的应用结合信息技术的进步,正在农业和食品产业中引发一场革命。通过基因编辑技术(图 3-1)、智能农业系统等技术,可以提高作物的产量和抗逆性,减少农药和化肥的使用,从而实现更高效、环保的农业生产。在食品产业中,生物技术也被用于开发新型食品和改善食品安全监控,以满足消费者对健康和安全的需求。

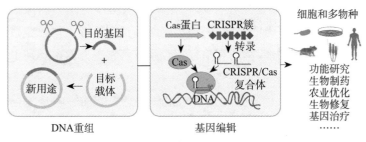

图 3-1 基因编辑技术

总而言之,信息技术在生物信息应用中的作用越来越不可或缺,无论是在医疗健康、自然资源管理还是在农业食品产业,都极大地推动了这些领域的发展和革新。通过有效利用生物信息,我们能够更好地应对健康、环境和食品安全等方面的挑战,促进社会的可持续发展。

## 三、信息技术在生命信息系统进化中的作用

信息技术对生命信息系统的进化起着至关重要的作用,不仅在数据的收集、处理和利用方面展现出其强大能力,而且在促进生命科学研究的各个方面都发挥着不可替代的作用。

### (一)为生命科学研究提供工具

信息技术为生命科学研究提供了强大的工具和平台,极大地加速了科学发现和创新的过程。

**1. 基因测序技术的进步与作用**　基因测序技术的发展，尤其是高通量测序技术，为我们提供了解读生命密码的关键。这项技术让我们能够以前所未有的速度和成本效益获得遗传信息，从而加深了我们对生物多样性、遗传疾病和复杂性状的遗传基础的理解。

**2. 生物信息学在种系演化研究中的应用**　生物信息学结合高通量测序数据，已成为研究物种演化关系的有力工具。通过分析不同物种的基因组数据，科学家能够描绘出物种演化历程的进化树，深化我们对生命起源和进化过程的理解。此外，生物信息学还能帮助我们识别生物多样性中的保守和变异序列，对生态保护和物种保育具有重要意义。

**3. 蛋白质组学与代谢组学数据解析技术的进步**　蛋白质组学和代谢组学的研究，依赖于先进的质谱技术和数据分析工具，这些都是信息技术进步的产物。这些技术使我们能够在细胞和组织水平上详细分析蛋白质和代谢物的表达，从而深入理解生物系统的功能和疾病机制。蛋白质组学和代谢组学的进步，为疾病的早期诊断、治疗和药物开发提供了重要信息。

总而言之，信息技术在生命信息系统的进化中起着核心作用，它不仅提高了研究效率和准确性，还开拓了新的研究领域和方法。通过这些技术，我们能够更深入地理解生命科学的各个方面，推动生命科学研究和应用的快速发展。

**(二)信息技术影响人类社会进化方向**

信息技术的潜力和影响力已经深入到我们生活和工作的各个方面，对人类社会和人类自身的进化产生了深远影响。

**1. 数字时代的特点与未来展望**　在数字时代下生活和学习的新一代人被称为Z世代，这一世代最显著的特征在于同互联网和数字技术共同成长，他们熟悉信息技术，善于使用电子设备获取和分享信息,因此也被称为"网络原住民"。在未来,Z世代将是社会和经济发展的主力军。他们会利用信息技术去解决世界上的问题,同时也面临着如信息泡沫、网瘾等新的挑战。随着科技的发展,我们期待这一代人能用科技去创新,优化并改造世界。

**2. 虚拟现实与人工智能对人类认知的影响** 虚拟现实(VR)和人工智能(AI)技术的发展,正在改变我们对世界的认知方式和思维模式。VR技术通过模拟真实世界的体验,使我们能在虚拟世界中进行学习和交流,提供了全新的教育和培训手段。AI则可以处理大量复杂的信息,帮助我们进行分析与预测,提高决策效率。然而,这两项技术的发展也带来了新的挑战,如虚拟现实对人类感知的替代,人工智能对人类工作的威胁等。

**3. 生物技术与人类物种改造的伦理讨论** 生物技术的进步,如基因编辑,为人类物种的改造提供了可能。科学家现在可以通过基因技术改变某些疾病的遗传基因,提高生命体的抗逆性,甚至延长其寿命等。然而,这也引发了一系列伦理问题,如在技术未完全成熟的情况下使用导致未知风险,基因优化过度导致社会公平性问题等。另外,关于人类是否应该改造物种,以及改造的边界在哪里等,也是我们需要认真思考和讨论的问题。

总的来说,信息技术对人类社会和个体的影响无处不在,它为人类提供了巨大的便利,也带来了一系列新的问题和挑战。我们需要合理地利用信息技术,在尊重伦理原则的前提下,用科学的方式去探索和塑造我们的未来。

**(三)促进人类社会与生态系统进化**

信息技术已经成为我们理解和保护地球生态系统的重要工具,通过其进化和应用,我们可以实现人与自然的和谐共生。

**1. 远程感应与地理信息系统在环境监测中的应用** 远程感应和地理信息系统(GIS)技术在环境监测中的应用已经越来越广泛。通过卫星和无人机等设备获取的远程感应数据,可以帮助我们实时监控全球范围内的环境变化,如森林覆盖、湖泊变动、城市化进程等。GIS更是为我们提供了一个综合分析和展示这些数据的平台,使得环境的空间信息管理和决策制定变得更加科学和便捷。

**2. 气候变化模型与生态系统适应性预测** 借助复杂的计算模型和大数据分析技术,我们可以预测气候变化对生态系统的影响,及时制定应对策略。例如,模型能够帮我们理解和预测全球变暖对海平面、冰盖融化、物种分布等的影响,帮助各地区作出科学决策,鼓励生态系统的适应性。

**3. 人类活动对生物多样性信息系统的影响** 人类活动在极大程度上改变了地球的生物多样性信息系统,如过度开发、环境污染、物种引入等都对地球的生物多样性造成了一定程度的破坏。通过各种生物信息技术,我们可以对这些变化进行追踪和分析,以便更好地保护生物多样性和维护地球健康。例如,基因测序技术可以帮助我们了解物种的种群结构和遗传多样性,为保护策略的制定提供依据。

总的来说,信息技术与生态系统是协同进化的。利用信息技术,我们能够更好地理解、保护和管理生态系统,以实现人与自然的和谐共生。

**(四)工程与信息系统设计中的生物启示**

生物界的复杂性和多样性为人类工程设计和信息系统提供了天然的启示。很多高效、富有创新性的解决方案都源自对生物系统的理解和模拟。

**1. 生物模拟工程与素材科技的创新** 对自然界生物特

性的模仿和运用已经成为材料科学技术创新的重要来源。例如,人类通过模仿蜘蛛丝的组成和结构,开发出了具有超强弹性和韧性的人造纤维。同样,通过研究蝴蝶翅膀的微观结构,科学家们也成功地制造出小于人类头发丝宽度的纳米级光子晶体设备。

**2. 人机交互设计与用户体验的生物学基础** 在人机交互设计中,人的生物学特性往往是最重要的考量因素。例如,在设计触摸屏操作界面时,设计师必须考虑到人的手指大小、灵活性以及人眼视觉的焦点范围等因素。产品只有符合人的生物学特性,才能为用户提供良好的使用体验。

**3. 生态建筑与绿色技术中的信息综合应用** 生态建筑和绿色技术通过模仿和利用生态系统的高效循环,以实现建筑的能源自给和适应环境变化。例如,利用热感应材料和智能控制系统,建筑可以根据环境温度的变化自动调节室内温度,减少对外部的能源依赖。此外,绿色建筑还会尽量采用可回收材料和零排放设计,以减少对生态系统的影响。

总而言之,生物启示的工程和信息系统设计方法将生物学、信息科学和工程学进行了有效的融合,开创了一种自然、高效、环保的设计理念。

# 第四章

## 生命信息系统进化的模型与方法

## 第一节　生命信息系统进化的数学模型

在生命科学研究中,数学模型通过量化生物系统的特性和变化,提供了理解和预测生物过程的有力工具。本节将以马尔可夫模型、随机游走模型、遗传算法模型以及神经网络模型为例,探讨数字模型在生命信息系统进化理论研究中的作用。

### 一、马尔可夫模型

马尔可夫模型是一种统计模型,主要用于描述系统状态随时间改变的概率特性。在生命信息系统中,例如基因序列的演化、种族遗传结构的模拟等都可以用马尔可夫模型来描述。

#### (一)马尔可夫过程基础

马尔可夫过程是一种特殊的随机过程,其特点是在每一个动作状态序列中,下一状态只与当前状态有关,与过去状态无关。

**1. 马尔可夫过程的定义**　马尔可夫过程是指满足"无后效性"或"马尔可夫性"的随机过程,也就是说,一个系统在当前时间点的状态只依赖于其在前一时间点的状态,而与其在更早时间点的状态无关。

**2. 状态空间与转移概率矩阵**　状态空间是马尔可夫模型所有可能状态的集合。转移概率矩阵则描述了在相邻时间,系统状态从一个状态转移到另一状态的概率。这两个基本元素决定了马尔可夫过程的特性和行为。

**3. 一阶马尔可夫的性质与习性**　一阶马尔可夫性质指的是在给定现在的条件下,未来与过去是独立的。例如简单的随机漫步,其中每一步向上或向下的方向仅由当前的位置决定,与之前的路径无关。这是一个非常强的独立性假设,但在许多实际应用中,一阶马尔可夫模型已经能够给出相当准确的结果。

在生命信息系统的研究中,马尔可夫模型广泛应用在基因序列的演化分析、蛋白质结构预测、生物网络模拟等多个领域,为我们理解生物系统的动态性和复杂性提供了有效的工具和方法。

**(二)马尔可夫链在生物学领域的应用**

马尔可夫链模型在生物学研究中有广泛的应用,特别在生物序列数据分析、种群遗传结构模拟以及行为序列预测等方面。

**1. 生物序列数据分析**　在生物序列数据分析中,马尔可夫链被广泛运用。例如,在基因序列分析中,可以使用马尔可夫模型预测编码区域、非编码区域以及调控位点等重要生物信息。还可以用马尔可夫模型来模拟 DNA 和 RNA 序列的演化过程,预测未来序列的变化情况。同样,蛋白质序列的结构和功能预测,也可以通过马尔可夫模型进行。

**2. 种群遗传结构模拟**　种群遗传结构模拟也是马尔可夫链被广泛应用的领域。通过对个体基因型的马尔可夫链模拟,可以预测种群的遗传变化,进而预测种群的演化趋势,以及环境变化对种群遗传结构的影响。这对于物种保护和生态环境保持策略的制定非常有帮助。

**3. 行为序列的预测**　除此以外,马尔可夫模型也可以用来预测生物行为的序列,这在动物行为学研究中非常重要。例如,可以通过构建行为转换的马尔可夫模型,预测动物下一个可能的行为。这不仅对研究动物行为有益,也为机器人行为建模、语音识别及自然语言处理等领域提供了重要的理论依据。

### (三)马尔可夫决策过程

马尔可夫决策过程在马尔可夫模型的基础上,加入了决策因素,使模型具备更高的实用性,特别是在强化学习领域。

**1. 马尔可夫决策过程介绍**　马尔可夫决策过程(MDP)是一种具有决策能力的马尔可夫过程。在马尔可夫决策过程中,系统在每个状态下都需要作出选择,以决定下次到达的状态。这个过程是根据一定的转移概率进行的,而且这种转移概率完全取决于当前的状态和所做的决策,与之前的状态和决策无关。

**2. 策略与奖励函数**　在马尔可夫决策过程中,策略是指在每个状态下所作出的决策,也就是下一步的行动。奖励函数则用于给出在各个状态下,对应不同决策所能获得的回报。利用奖励函数,可以对各种策略的好坏进行评估。

**3. 强化学习中的应用**　马尔可夫决策过程在强化学习中有重要应用。强化学习是一种无监督学习方法,通过逐步试错和学习过程中的反馈,智能体可以学习到在各种状态下应作出的最优决策,这一决策过程就是马尔可夫决策过程。在生物信息学中,强化学习可被用于优化蛋白质设计,药物疗效预测等诸多关键任务。

### (四)隐马尔可夫模型

隐马尔可夫模型(HMM)是马尔可夫模型的一种扩展,它能够揭示马尔可夫过程中的隐藏状态。

1.HMM 的理论框架　HMM 中存在一组不可见的状态,这些状态形成了一个马尔可夫链。每个状态生成一个可观察的符号,符号的生成遵循某种概率分布,且这些分布对每个状态都可以不同。因此,一个 HMM 引入了两种概率,状态转移概率和符号生成概率。HMM 的特点是,虽然状态序列是不可见的,但是我们可以通过观察得到的符号序列来推断出隐藏状态的信息。

2. 生命信息序列识别　在生物信息学中,HMM 在生命信息序列识别方面有广泛应用。例如,可以通过 HMM 识别基因序列中的编码区、非编码区和调控信号等主要元素。HMM 对于疾病基因挖掘、蛋白质家族识别、基因组分析等问题也有显著的优势。

3. 行为模式的隐藏状态分析　此外,HMM 也可被用来分析隐藏状态下的行为模式。例如,在神经科学研究中,HMM 可以用于分析脑网络的动态行为并挖掘隐藏模式;在行为生物学中,HMM 可以用来从动物行为序列中发现反映内在状态变化的行为模式。这些应用都体现了 HMM 在解码复杂动态系统方面的潜力。

## 二、随机游走模型

随机游走模型在数学和物理领域里是一个经典的概率模型,它被广泛用于模拟和分析各种自然现象,包括生物学中的分子运动、种群扩散等。

### (一)随机游走模型的理论基础

随机游走是一种经典的时间序列模型,通常用于描述某个变量随着时间推移而发生的随机变化,它是研究随机现象的重要工具。

**1. 随机游走过程的定义**　随机游走可以定义为一个序列,其中每个元素的位置是由前一个位置加上一个随机步长决定的,这些步长通常假设是独立同分布的随机变量。

**2. 简单随机游走与多重路径效应**　简单随机游走是最基本的随机游走模型,通常在一维空间进行,每一步都是向左或向右,且步长固定。多重路径效应指的是在多步随机游走中,可能存在多种路径达到同一个终点位置。

**3. 渐进行为与极限定理**　渐进行为是指随机游走过程中,随着时间的推移,系统行为的长期特性。极限定理,如中心极限定理,在随机游走中可以用来描述大量步骤后,位置分布的趋势和形状。例如,在一维随机游走中,随着步数增加,对象的位置分布逐渐接近正态分布。

随机游走模型不仅在数学上具有重要意义,也为生物学、生态学、经济学等多个领域提供了理解复杂动态系统的有效工具。

**(二)生态学中的随机游走**

在生态学中,随机游走模型被用来模拟和理解动物行为、栖息地利用以及生态路径等多个方面,为生态系统的研究提供了有价值的视角和工具。

**1. 动物行为与随机游走**　动物的搜索行为常常可以通过随机游走模型来模拟。动物在寻找食物、伴侣或栖息地时,其路径选择往往具有随机性。这种行为模式可以被看作是简单随机游走或其变体,例如莱维飞行,指的是一种步长服从特定概率分布的随机游走,能更好地描述某些动物的迁徙或搜索食物的行为。

**2. 栖息地利用与搜索策略**　随机游走模型也被用来研究动物的栖息地利用和搜索策略。通过模拟动物的随机移动,研究者可以评估动物如何利用其生活空间,以及它们如何响应环境变化。这些模型帮助生态学家理解动物如何优化其搜索行为，以适应不同的环境条件和资源分布。

**3. 生态路径及其优化**　生态路径优化是指在特定环境条件下，动物如何选择最优路径以最小化能量消耗或最大化食物摄入。随机游走模型可以用来模拟动物的路径选择过程，并分析不同路径选择策略的效率。这不仅对理解动物行为生态学至关重要，也在保护生物多样性、管理野生动物和设计自然保护区等方面有着实际应用价值。

通过在生态学中应用随机游走模型，研究人员能够更深入地探究动物行为的复杂性和多样性，以及研究它们如何适应并影响其所处的生态系统。这些研究为生态保护和生物多样性保护提供了科学依据和策略。

**(三)分子生物学中的随机游走**

在分子生物学中，随机游走模型被广泛用于解析和模拟许多复杂的生命现象。

**1. DNA 序列演变的随机性**　DNA 序列的演变过程具有明显的随机性。每一个位点发生突变的事件可以被视为一个随机过程，而从一个给定的原始状态想要达到当前状态的所有可能路径，就类似于一个随机游走的过程。通过这个模型，我们可以更好理解基因演化和种群遗传结构的复杂性。

**2. 蛋白质折叠的随机过程**　蛋白质折叠也是一个显著的随机过程。随着蛋白质链在空间中进行随机游走，蛋白质可以达到其最稳定的三维结构。随机游走模型有助于从理论上解释蛋白质如何在极其复杂的状态空间中快速找到其最稳定的折叠状态。

**3. 分子动力学模拟**　分子动力学模拟专门用于研究分子系统随时间演化的过程，它也是建立在随机游走模型基础上的一种计算框架。分子动力学模拟可以用于预测分子，尤其是生物大分子,如蛋白质和核酸等的行为,这对于理解生物系统的功能和机制具有重要意义。

**(四)经济学中的随机游走与市场效率**

随机游走理论也广泛适用于经济学领域,特别是在研究资本市场效率和预测市场动态中。

**1. 价值演变与信息流动** 随机游走模型被用来描述资产价格的变动。在一个效率市场中,决定价格的所有信息都已经被市场吸收,因此,各个时期的价格变动被视为独立的随机过程,关于未来价格的最好预测即是当前的价格,这就是著名的随机游走假说。

**2. 投资行为与策略分析** 随机游走模型也被应用于分析投资者的行为和投资策略。例如,投资者在期权定价、风险管理以及投资组合优化等方面都可以通过模拟资产价格的随机游走来作出决策。

**3. 市场预测模型对比研究** 随机游走模型也常在市场预测模型的研究中作为基准模型,用于检验其他复杂模型的预测效果。如果一种投资策略不能在对历史数据的回测中击败随机游走模型所呈现的绩效表现,那么我们就无法相信该策略能在未来获得超过市场平均收益的业绩。

随机游走理论有助于我们理解市场效率和投资行为,但需要注意的是,在实际中,市场的行为经常受到多种因素的影响和制约,如市场风险、信息不对称和投资者情绪等,这些复杂性因素会使实际市场的行为偏离理想的随机游走模型。

## 三、遗传算法模型

遗传算法是一种模拟自然进化过程的搜索算法,用于解决优化和搜索问题。它们受到生物进化理论的启发,通过自然选择的机制来寻找问题的最优解。

## (一)遗传算法基本原理

遗传算法的基本原理是通过模拟自然界的遗传机制和自然选择过程来进行问题求解。这个过程包括个体的选择、交叉(或称为杂交)、变异等操作,以此来不断迭代产生出越来越适应环境的个体,从而找到问题的最优解或者可行解。

### 1. 经典遗传算法的构成要素

(1)种群(population):一组可能的解,每个解可被视为一个"个体"。

(2)染色体(chromosome):个体的编码,通常是一个二进制串,但也可以是其他形式,如实数或符号串。

(3)基因(gene):编码中的一个元素,对应解的一个特征。

(4)适应度函数(fitness function):用于评价个体适应环境的能力,即解的好坏。

### 2. 编码和初代种群的选择

(1)编码:将问题的解转换为染色体(编码串)。选择合适的编码方式对算法的效率和效果至关重要。

(2)初代种群的选择:随机生成或通过某种策略生成一组初始解,作为遗传算法的起始点。

### 3. 选择选拔的机制与交叉变异

(1)选择(selection):根据个体的适应度,从当前种群中选择出更具优势的个体遗传到下一代。常用的方法有轮盘赌选择、锦标赛选择等。

(2)交叉(crossover):选定的个体通过某种方式交换它们的部分基因,产生新的个体。这个过程模拟了生物的繁殖过程中的基因交换现象。

(3)变异(mutation):以一定的概率随机改变个体的某些基因,引入新的遗传信息以增加种群的多样性。

遗传算法通过这些过程模拟达尔文的自然选择理论,不断优化种群,直到找到问题的最优解或可行解。其优点在于它对问题的求解不依赖问题的具体形式,具有很强的通用性和灵活性,适用于许多复杂的优化问题。

**（二）遗传算法在优化问题中的应用**

遗传算法因其在全局搜索能力和处理复杂问题方面的优势而被广泛应用于解决多种优化问题。

**1. 生物信息学中的遗传算法**　在生物信息学中,遗传算法被用于解决多种类型的优化问题,如序列比对、基因组学数据分析、蛋白质结构预测等。遗传算法通过模拟自然选择和遗传机制,能够在庞大的搜索空间中有效地寻找最优或近似最优解,特别是在目标函数复杂或解空间大时的情况下。

**2. 系统生物学的参数估计**　系统生物学旨在理解生物系统的行为及其组成部分之间的复杂相互作用。在这一领域中,遗传算法被用于参数估计任务,即根据实验数据来确定生物系统模型的参数值。由于这些参数通常非常多且相互依赖,传统的优化方法很难应用,而遗传算法能有效地在大范围内进行搜索,并找到满足模型与实验数据最佳匹配的参数组合。

**3. 智能控制系统设计**　在智能控制系统设计中,遗传算法用于优化控制器的参数,提高系统性能。这类应用包括机器人控制、动态系统控制、工业过程控制等。通过遗传算法,可以自动调整控制参数,使得系统达到期望的性能指标,如增强稳定性、减少能耗或提升响应速度等。遗传算法的优势在于它不需要控制系统模型的精确数学表达式,还能够处理多目标优化问题和参数间的非线性关系。

遗传算法在这些领域的成功应用展示了其在解决多样化和复杂优化问题的强大能力。通过适当的编码、定义适合的适应度函数和选择合理的操作策略,遗传算法能够提供一种有效且灵活的途径,以发现问题的最优解或可行解等。

### (三)生态学与遗传算法

遗传算法作为一种受到自然进化启发而构建的搜索算法,已经在生态学领域展现出其独特的应用潜力。其通过模拟生物进化的过程,包括选择、交叉(杂交)、和变异,对复杂系统进行优化和解析。在生态学中,它们可用于模拟生物群体适应其环境,并演化出新的生存策略的方式。

**1. 群体生存策略与适应性演化**  生态系统是由相互作用且相互依赖的生物组成,每个生物种群都有其独特的生存策略来应对环境压力。遗传算法能够模拟这一动态进程,通过构建数学模型来探索特定生存策略的效率。这些模型可以帮助生态学者理解何种类型的适应性变异能使某一物种在长期进化过程中存活下来,并预测环境变化对生态多样性的影响。在遗传算法的帮助下,研究者能够模拟和测试不同的群体生存策略,如捕食行为、繁殖策略及迁移模式等。通过评估这些策略在特定环境压力下的效益,科学家可以深入理解生物如何通过适应性演化来优化其生存策略。

**2. 生态系统模型的优化配置**  在构建生态系统模型时,遗传算法可以优化模型配置,确保模型能准确反映生态系统的动态行为。这包括生态参数的选择、物种间相互作用的强度等关键因素的设定。通过遗传算法,不仅能自动调整这些参数以寻找最佳配置,还能在模型预测和实际观察之间建立更紧密的联系。例如,遗传算法可以用于确定最佳的物种相互作用网络、生态位分布以及能量流动,以模拟真实世界中的生态系统。这种方法尤其适用于参数众多、动态复杂的生态系统模型,它提高了模型的准确性和预测力。

**3. 遗传多样性的算法模拟**  遗传多样性是生态系统健康和稳定的关键因素。遗传算法能够模拟生态系统中的遗传多样性,包括物种多样性和基因多样性。通过模拟不同环境条件下的物种适应性和生存竞争,这些算法有助于揭示生态系统中遗传多样性的形成和维持机制。此外,遗传算法还可用于探索生态干扰(如气候变化、生境破坏等)对物种遗传多样性的影响。通过预测环境变化对生物多样性的潜在影响,研究者可以制定出更有效的保护策略,以保护和恢复生态系统的稳定性和多样性。

**(四)遗传算法的改进与发展**

遗传算法(GA)自从 1975 年由 John Holland 提出以来,一直是计算科学领域内广泛研究和应用的主题之一。遗传算法模仿自然选择和遗传学的过程,通过选择、交叉和变异运算对候选解进行迭代优化,寻求问题的最优解。随着计算需求的不断扩大和计算技术的发展,遗传算法也在不断进化,以适应更广泛的应用领域和解决更复杂的问题。以下是一些重要的改进和发展方向。

**1. 多目标遗传算法**　在许多实际问题中,我们通常需要同时优化多个互相冲突的目标,这就是多目标优化问题。传统的遗传算法主要是为了解决单一目标的优化问题而设计的,但在面对多目标问题时表现不佳。多目标遗传算法(MOGA)是遗传算法的一个重要改进,它能有效处理多个目标,帮助决策者在各个目标之间寻找最优的平衡点。MOGA通过引入帕累托前沿的概念,允许算法在优化过程中考虑解之间的相对优劣关系,从而生成一系列最优解供决策者选择。

**2. 遗传算法与自适应参数调整**　参数设置对遗传算法的性能有着决定性影响,包括交叉率、变异率和种群大小等。传统的遗传算法中,这些参数在整个搜索过程中是固定的,可能导致算法在搜索过程中陷入局部最优解或者收敛速度太慢。为了克服这些问题,研究者提出了遗传算法和自适应参数调整策略。这些改进使遗传算法能够在运行过程中根据搜索情况动态调整其参数,以提高搜索效率和解的质量。

**3. 并行遗传算法与大规模数据处理**　随着数据量的不断增加,传统遗传算法在处理大规模数据时面临计算量大、运行时间长的挑战。并行遗传算法通过在多处理器或多核心计算机上同时执行算法的不同部分来解决这个问题,从而显著降低计算时间,提高算法的可扩展性。并行遗传算法通常采用岛屿模型、粗粒度模型或细粒度模型来设计,这些模型能够有效地分配计算任务,加速遗传算法的收敛过程,使之能够高效处理大规模的优化问题。

## 四、神经网络模型

神经网络模型,尤其是人工神经网络(ANN),已成为现代计算科学和人工智能领域的核心。它们受到生物神经网络的启发,通过模拟人脑处理信息的方式,实现了对复杂数据模式予以识别并高效开展学习。下面详细介绍人工神经网络的基础知识、主要结构和功能、学习算法,以及不同类型的神经网络模型。

### (一)人工神经网络概述

人工神经网络(ANN)是由大量节点(或称为神经元)连接构成的计算系统。这些节点尝试模拟生物神经系统内神经元的互相连接和作用方式,用于处理信息的传递、加工和存储。ANN在模式识别、数据分类、预测以及控制系统等多个领域都有广泛的应用。

**1. 神经网络的结构与功能**　一个基本的人工神经网络结构包含输入层、隐藏层和输出层。每一层都由若干神经元组成,神经元之间通过权重连接,权重决定了信号的传递强度。其中输入层接收外部数据,隐藏层处理输入数据,可以有多层。每层包含若干神经元,隐藏层是 ANN 学习和识别数据模式的关键部分,输出层输出处理结果,比如分类标签或数值预测。每个神经元接收来自前一层神经元的加权输入信号,然后通过激活函数处理这些信号,产生输出到下一层。

**2. 学习算法与误差反向传播**　人工神经网络的学习过程通常基于误差反向传播算法。这个过程包括前向传播和反向传播两个阶段。其中前向传播是指输入数据通过网络前向传递,每一层的输出作为下一层的输入,直到产生最终输出。反向传播是计算最终输出与真实值之间的误差,并将这个误差反向传播回网络,逐层调整权重以减少误差。通过迭代这一过程,网络逐渐学习到如何通过调整权重来减少输出误差,从而提高模型的预测或分类准确率。

**3. 不同类型的神经网络模型**　随着研究的深入,人工神经网络发展出多种类型,以适应不同的任务和数据特征。

（1）前馈神经网络（feedforward neural network,FNN）:最简单的 ANN 结构,信息单向流动,从输入层到输出层。

（2）卷积神经网络（convolutional neural network,CNN）:特别适用于图像处理,通过卷积层自动提取图像中的特征。

（3）循环神经网络（recurrent neural network,RNN）:适用于序列数据处理,语言模型和时间序列分析,能够处理前后数据点之间的依赖关系。

（4）长短期记忆网络（Long–Short Term Memory,LSTM）:一种特殊的 RNN,能够学习长期依赖信息,常用于复杂序列数据任务,如语音识别和自然语言处理。

**(二)深度学习与复杂模式识别**

深度学习作为人工智能领域的一个重要分支,已经成为识别、分类和预测复杂模式的关键技术。它通过构建深层的神经网络模型来学习数据的高层抽象特征,从而实现对数据的深入理解和分析。接下来,我们将探讨深度学习的基本原理和架构,以及它在图像分析、基因型表达分类和生物信息处理中的应用。

**1. 深度学习的基本原理和架构**  深度学习的核心在于通过多层的非线性变换对原始数据进行逐层的抽象和表示。每一层都试图捕捉数据的不同特征,从简单到复杂。这些层次结构中的每一层都由多个神经元组成,它们通过激活函数对输入进行处理并传递给下一层。深度神经网络通常包含输入层、多个隐藏层和输出层。隐藏层的深度和宽度决定了网络的容量,即其学习复杂函数的能力。深度学习的关键技术包括卷积神经网络(CNN)用于图像处理,循环神经网络(RNN)和长短期记忆网络(LSTM)用于处理序列数据,以及注意力机制和 Transformer 模型,这些技术进一步提高了深度学习模型处理复杂数据的能力。

**2. 图像分析与基因型表达分类**  深度学习在图像分析领域的应用非常广泛,如自动识别图像中的物体、面部识别、医学图像分析等。特别是卷积神经网络(CNN),由于其能够有效捕捉图像的空间层次特征,已成为图像识别和分类的主流模型。在基因型表达分类中,深度学习模型能够识别出基因表达数据中的复杂模式,用于疾病诊断、药物反应预测等。这些模型可以处理大规模的基因组数据,提供比传统方法更准确的分类结果。

**3. 语音和文本的生物信息处理**  深度学习在语音和文本数据的生物信息处理中起着重要作用。例如,在自然语言处理(NLP)领域,深度学习技术被用于生物医学文献的信息提取、基因序列的功能注释以及临床报告的自动编码等任务。在语音识别中,深度学习模型能够准确识别和转录医疗领域的语音数据,提高医疗记录的效率和准确性。在文本处理上,通过自然语言处理技术,深度学习能够从生物医学文献中提取关键信息,辅助科研人员快速获取最新的研究成果和医学知识。

### (三)神经网络技术在生命科学中的应用

神经网络技术在生命科学领域的应用正迅速成为推动研究和技术创新的重要力量。特别是在生物识别、神经科学数据分析以及代谢调控网络的建模与模拟等方面,人工神经网络(ANN)提供了强大的工具,以处理大规模数据集、识别复杂模式并模拟生物系统的行为。以下是这些应用的具体介绍:

**1. 生物识别技术的神经网络模型**　生物识别技术利用个体的生物特征进行身份验证,这些特征包括指纹、虹膜、面部特征等。神经网络,尤其是卷积神经网络(CNN),因其强大的特征提取和模式识别能力,在生物识别领域得到了广泛应用。CNN能够自动学习和识别生物特征中的复杂模式,提高了识别的准确性和效率。此外,神经网络还可以用于开发更加安全、可靠的生物识别系统,如动态行为识别,进一步提高安全性。

**2. 神经科学数据分析**　神经科学是研究神经系统结构、功能、发展、遗传学、生物化学以及病理学的科学。人工神经网络在神经科学数据分析中发挥着越来越重要的作用,特别是在处理脑成像数据(如功能磁共振成像)、电生理数据和神经行为数据方面,ANN可以帮助科学家识别和理解大规模神经数据中的复杂模式,如脑网络活动、神经元编码机制以及疾病状态下的脑功能变化。

**3. 代谢调控网络的建模与模拟**　代谢调控网络是生物体内部复杂化学反应的网络,这些化学反应支撑着生物体的生存和发展。利用神经网络对这些网络进行建模和模拟,可以帮助科学家理解代谢过程的内在机制,预测代谢途径的变化,以及探索新的药物靶点。循环神经网络(RNN)和长短期记忆网络(LSTM)等模型因其处理序列数据的能力,特别适用于模拟动态变化的代谢过程和时间依赖的调控机制。

**(四)神经网络技术的限制与未来方向**

神经网络技术,尽管在多个领域表现出了巨大的应用潜力,但它依然面临一些限制和挑战。理解这些限制因素不仅有助于提升现有技术,而且也能启发未来的研究方向。

1. **神经网络的训练问题与过拟合** 训练问题指的是神经网络需要大量的数据来训练,以确保模型可以准确地学习和概括数据中的特征信息。然而,在特定的应用场景中,如医学图像处理,高质量的标注数据可能难以获取。此外,训练大型神经网络还需要高昂的计算资源成本。过拟合指的是神经网络模型可能在训练数据上表现得非常好,但面对未学习过的数据时,难以实现有效泛化。为了解决过拟合问题,研究人员已经开发了多种技术,如正则化、Dropout和早停等方法。

2. **从生物神经系统获得灵感的新模型** 尽管现代神经网络受到生物神经系统的启发,但它们在很多方面仍然无法企及生物神经系统的复杂性和效率。目前的研究正在探索新的模型和算法,以便更准确地反映生物神经网络的工作方式。例如,脉冲神经网络试图模拟神经元的脉冲活动,以提高计算效率和模型性能。此外,神经形态工程正在尝试通过硬件来模仿大脑的物理结构和计算机制。

3. **神经网络模型在个性化医疗中的潜在应用** 个性化医疗(或精准医疗)旨在根据患者的遗传信息、所处环境和生活方式来定制个性化的治疗方案。神经网络模型在此领域具有巨大的潜力,特别是在处理和解析医学数据方面,如基因组数据、临床试验数据和实时健康监测数据等。通过分析患者的遗传信息和生活习惯,神经网络可以帮助医生预测疾病发生风险,制定个性化的预防措施。神经网络还可以用来预测患者对特定治疗方案的反应,从而辅助医生制订更准确的治疗方案。

# 第二节　生命信息系统进化的计算方法

本节将探讨如何通过计算方法研究生命信息系统的进化,特别是系统动力学方法的应用。系统动力学方法为理解复杂生命系统的行为提供了强有力的工具,特别是在模拟生物过程和预测系统行为方面。

## 一、系统动力学方法

系统动力学是一种研究和描述复杂系统内部相互作用及其随时间变化的方法。它通过建立数学模型来模拟系统行为,以预测和分析系统在不同条件下的表现。

### (一)系统动力学与生命信息

生命信息系统,如细胞信号转导网络、生态系统和遗传调控网络,是高度复杂和动态变化的。系统动力学方法提供了一种强大的方式,通过定量模型来阐释这些系统的行为。

**1. 系统动力学的基本概念**　系统动力学的基本概念包括状态变量、参数、输入和输出等要素。状态变量描述了系统当前的状态,参数定义了系统行为的特性,输入体现外界对系统的干预,而输出则是系统对输入的响应。

**2. 生命信息系统与动力学的联系**　生命信息系统的动态性质使得系统动力学方法成为理解这些系统的理想工具。通过模拟生命系统的时间演化,我们可以洞察其内在的动态过程和机制。

**3. 系统动力学的研究意义** 系统动力学的研究意义在于其能够揭示生命信息系统中的基本规律和模式,帮助我们预测系统行为,以及设计和优化生物技术。例如,在药物开发、疾病模型建立和生态系统管理等领域,系统动力学方法都发挥着重要作用。

**（二）数学基础与模型构建**

在探讨系统动力学方法时,数学基础和模型构建是不可或缺的一环。这些方法允许我们定量地描述和分析生命信息系统的动态行为。接下来,我们将简要介绍微分方程与动力系统、定性分析与定量分析以及稳定性与稳态解这三个核心部分。

**1. 微分方程与动力系统** 在系统动力学中,微分方程是描述系统状态随时间变化的基本工具。这些方程可以是常微分方程（ODEs）或偏微分方程（PDEs）,具体取决于系统状态变量的数量和类型。通过解微分方程,我们可以预测系统在任何给定时间的状态。动力系统是由一组微分方程定义的,这些方程描述了系统状态随时间的演变规律。动力系统可以是线性的或非线性的,它们的行为范围从简单的稳定状态到复杂的混沌动态。

**2. 定性分析与定量分析** 定性分析关注系统行为的一般特征,而不是精确的数值解。这包括系统是否会趋于稳定,存在周期解,或表现出混沌等。定性分析工具,如相平面分析和分支理论,帮助我们理解系统动态的本质。定量分析通过数值方法解决微分方程,为系统状态提供精确的数值预测。这要求使用计算机算法和数值模拟技术,如有限差分法和有限元分析,来近似解决这些方程。

**3. 稳定性与稳态解** 稳定性分析是系统动力学中的一个关键概念,它描述了系统在受到扰动后返回初始状态或稳定状态的能力。稳定性可以通过线性化方法和 Lyapunov 函数来分析。稳定系统的小扰动会随时间消散,使系统回归到稳态或平衡点,不稳定系统的小扰动会导致系统状态迅速偏离平衡状态,可能导致系统表现出全新的行为模式。在系统动力学中,稳态解指的是系统状态随时间不再改变的解。换句话说,这是系统在长时间运行后趋向稳定的状态。对于线性系统,稳态解可以直接通过求解微分方程获得。对于非线性系统,稳态解的分析可能需要将数值方法和定性分析相结合来进行。稳定性分析和寻找稳态解是理解复杂动力系统行为的重要步骤。它们不仅帮助我们预测系统如何响应外部扰动,还能揭示系统可能存在的多个稳定或不稳定状态。

（三）应用案例

系统动力学方法在多个生命科学领域中的应用展示了其强大的分析和预测能力。通过具体的案例,我们可以更好地理解这些方法如何帮助科学家解决实际问题。

1. **生态系统模型**　生态系统模型利用系统动力学方法来模拟和分析生态系统中种群的相互作用及其对环境变化的响应。这些模型可以帮助我们预测种群数量的变化、生态平衡的稳定性以及环境干预措施的效果。如通过构建捕食者 - 食草动物模型,科学家能够研究种群动态和生态系统的稳定性。这种模型通常包括微分方程组,描述种群数量变化情况和相互作用。通过分析,研究人员能够预测不同环境条件和人为干预措施对生态系统的长期影响。

2. **传染病的扩散与控制**　系统动力学在传染病模型的构建中发挥着关键作用,这些模型能够帮助我们理解疾病的传播机制、评估防控策略的有效性,并指导公共卫生决策。如易感者 - 感染者 - 康复者模型（SIR 模型）是一个经典的传染病动力学模型。通过建立描述人群在这三种状态之间转移的微分方程,模型能够预测疾病的传播趋势和控制措施(如疫苗接种、隔离措施)的效果。

**3. 细胞信号转导网络**　细胞信号转导网络是生命科学中的另一个重要应用领域。通过系统动力学方法,科学家可以模拟信号分子如何在细胞内传递信息,以及这些信号如何影响细胞行为和命运。如在癌症研究中,通过构建细胞信号转导网络的动力学模型,研究人员可以研究特定信号通路的异常活动对细胞增殖的影响。这有助于识别潜在的治疗靶点并评估药物干预的效果。

### (四)数值求解与仿真技术

系统动力学模型的实际应用往往依赖于数值求解与仿真技术,这些技术使得模型的分析和预测变得可能。下面我们将探讨数值积分算法、蒙特卡罗模拟,以及系统动力学软件的应用。

**1. 数值积分算法**　数值积分算法是解决微分方程的一种常用方法,特别是当解析解难以获得时。数字积分算法可以较为精确地近似系统状态随时间的变化,从而为系统动态提供直观的数值解。常见的数值积分算法包括欧拉方法、龙格 - 库塔方法等。欧拉方法作为最简单的一种数值方法,通过逐步逼近来求解微分方程的未知函数。龙格 - 库塔方法则提供了更高精度的解决方案,通过在每一步计算中考虑中间点的斜率,从而改进预测的准确性。

**2. 蒙特卡罗模拟**　蒙特卡罗模拟是一种基于随机抽样的数值计算方法,用于解决计算物理、金融和数学问题中的复杂模型。在系统动力学中,蒙特卡罗模拟可以用来评估模型的不确定性和敏感性,通过生成大量随机变量的样本来近似系统的统计性质。在生态系统模型和传染病扩散模型中,蒙特卡罗模拟可用于估计参数的不确定性对模型预测的影响,从而提供更加可靠的决策支持。

**3. 系统动力学软件应用**　多种专业软件工具可以方便地构建、分析和模拟系统动力学模型。这些软件通常提供图形用户界面（GUI）和丰富的数值求解算法库，使得非编程专家也能够轻松地进行复杂系统分析。

（1）Matlab：提供了一套综合的环境，用于模拟和分析动态系统，包括生态系统、经济系统和工程系统。

（2）Vensim 和 Stella：专门用于系统动力学模型的构建和仿真，支持从简单到复杂的模型设计和分析。

（3）COPASI：专注于生物化学网络的建模和仿真，支持动态模拟和参数估计等功能。

## 二、基于代理的方法

基于代理的建模是一种系统建模方法，通过模拟每个独立个体或"代理"的行为，以及这些行为如何影响整个系统的状态来研究复杂系统。

### （一）解释代理模型

基于代理的模型是由一系列互动个体或代理构成的，这种类型的模型可以用来模拟社会、生态和其他类型的复杂系统。

**1. 代理定义与核心概念**　代理是指在基于代理的模型中，每个代理都是一个独立的实体，具有自身的属性和行为规则。代理都在其环境中进行决策，这些决策可能与其他代理的互动相关联。环境是代理行为的背景。它可以是物理环境（比如代理的空间位置）或者是社会环境（比如代理的社会网络）。而行为规则用来指导代理如何根据其环境和当前状态来作出决策。

**2. 代理的类型与模拟框架**

（1）有限状态机代理：这类代理的行为由一组预定义状态

和状态转移规则来描述。

（2）目标导向代理：这类代理根据其设定的目标或利益最大化来作出决策。

（3）学习代理：这类代理可以根据经验学习并改进其行为策略。

（4）模拟框架：模拟框架定义了模型的更新规则、时间步长和仿真时间等参数。

**3. 行为规则的建模**　行为规则是基于代理的模型的重要组成部分，这些规则描述了代理如何根据环境信息作出行为决策。设计行为规则通常需要理解代理行为的实际机制，通过观察经验数据或者使用理论模型。代理的行为可以是决定性的也可以是随机的，取决于模型的具体需求和情境。

**（二）实现与工具**

为了实现和运行基于代理的模型（ABM），研究人员需要依赖特定的编程语言和模拟平台。此外，理解和分析模型中的自组织行为及其复杂性是至关重要的。

**1. 编程语言基础**

（1）Python：由于其易学性和强大的库支持，Python成为了开发基于代理的模型的热门选择。它拥有多个用于创建ABM的库，如Mesa。

（2）NetLogo：NetLogo是一种专为模拟复杂系统而设计的高级编程语言和开发环境。它适用于模拟自然和社会现象，特别适合初学者和教育用途。

（3）Java：Java也常用于开发较为复杂的基于代理的模拟系统，特别是当需要高性能执行或集成到更大系统时。

**2. 代理模拟平台介绍**

（1）Mesa：Mesa是一个用Python写的轻量级、模块化的框架，用于创建、分析、可视化基于代理的模型。

（2）Repast Symphony：Repast 是一套用于创建基于代理的模型的强大工具集，支持多种编程语言，包括 Java 和 Python。

（3）AnyLogic：这是一款支持多方法建模的工具，包括系统动力学、离散事件和基于代理的建模，适用于各种行业和研究领域。

**3. 自组织与复杂性分析**  自组织是指系统中的代理通过局部交互自发形成全局有序结构或模式的过程。基于代理的模型常用来研究这种现象，如鸟群的形成或流行病的传播。复杂性分析里，复杂系统的特点是其整体行为并非由各部分简单相加而来。通过复杂性分析，研究人员可以量化和分析基于代理模型中的模式、自组织现象和系统的适应能力。

**（三）案例研究**

基于代理的模型（ABM）已被广泛应用于不同领域的案例研究，这些研究帮助我们深入理解群体行为、社会经济系统以及生态系统管理等多个方面的复杂性。

**1. 群体行为模型**  群体行为模型利用基于代理的方法来研究个体如何通过局部规则的互动产生复杂的全局模式。这能够帮助我们理解自然界中如鸟群飞行和鱼群游动等现象。Craig Reynolds 的"Boids"模型是群体行为研究的一个经典案例，通过模拟鸟群的凝聚、分离和队列行为规则，成功展示了复杂的群体动态。

**2. 社会经济系统仿真**  基于代理的模型能够模拟经济市场、城市发展和社会网络等社会经济系统的动态行为。这些模型可以考虑到个体的异质性、决策规则和网络互动，用以预测系统响应和政策干预的效果。Epstein 和 Axtell 的"Sugarscape"模型通过简单的经济交换规则模拟了复杂的社会现象，包括贸易模式、文化传播和社会阶层的形成等。

**3. 生态系统管理与决策支持**  ABM 在生态系统管理和

自然资源管理决策支持中的应用,允许研究人员模拟生态系统组件的互动,评估管理策略对生态系统健康和服务的影响。如在水资源管理中,基于代理的模型被用来模拟流域中人类和自然系统之间的复杂相互作用,以此识别可持续的水资源管理策略和实践。

**(四)分析与优化**

在基于代理的模型(ABM)研究过程中,对仿真结果进行深入的分析和优化是至关重要的。这包括统计分析、参数优化、灵敏度分析以及模型的验证和校验方法等。下面,我们将简要介绍这些方面。

**1. 仿真结果的统计分析** 统计分析帮助研究者理解模型仿真的输出,识别模式、趋势和异常值。通过应用描述性统计、时间序列分析和假设检验等方法,研究者可以从数据中提取有意义的信息。例如,可以使用聚类分析来识别仿真中出现的不同行为模式,或者应用方差分析(ANOVA)来评估不同参数设置对模拟结果的影响。

**2. 参数优化与灵敏度分析** 在参数优化上,通过调整模型参数以达到预定的性能指标。比如最小化或最大化某些输出(如系统效率或成本等)。遗传算法、模拟退火和粒子群优化等启发式算法常被广泛用于寻找最优参数设置。灵敏度分析是评估模型输出对参数变化的敏感程度。这有助于识别对模型结果影响最大的参数,以及模型的鲁棒性。通过灵敏度分析,研究者可以确定哪些参数是模型预测中的关键因素,从而更有针对性地进行模型调整和策略制定。

**3. 验证和校验方法** 验证(verification)是确保模型正确实现了研究者的设计意图。这涉及代码审查和模型行为的单元测试,以确保没有编程错误。校验(validation)是确定模型是否能够产生与现实世界数据相符合的结果。这通常通过与现实世界数据的比较来完成。交叉验证、拟合优度测试和历史数据验证等方法被用于评估模型的预测准确性和实际应用价值。

**（五）当前进展与挑战**

基于代理的建模（ABM）是一个不断发展的领域，随着技术的进步，基于代理的模型能够在各种复杂系统的研究中发挥重要作用，但同时也面临必须解决新的问题。

**1. 多主体耦合与交互** 虽然已经有模型成功模拟了不同类型代理之间的复杂交互，如人与环境、不同组织与个体等。但是，设计出能够有效交互并且能够反映复杂现实世界情况的多主体耦合系统模型仍然具有挑战，包括确保交互的真实性和可扩展性，以及处理由此产生的巨大计算量。

**2. 大数据与代理建模** 大数据技术的应用使得基于代理的模型能够以前所未有的精细程度和规模执行，为代理赋予了基于真实数据的决策能力。尽管大数据提供了丰富的信息，但如何有效地整合这些数据到模型中，在处理高维度数据的同时保持模型的可管理性和可解释性，仍然是一项重大挑战。

**3. 实时仿真与应急响应** 实时仿真模拟现在可以被用于灾难应急响应和城市规划等领域，提供动态决策支持。实时数据的集成和处理以及模型计算的速度与精度之间的平衡，都是实现实时仿真模拟的难点。此外，如何确保模型在应对突发事件时的有效性和准确性也是重要的挑战之一。

### 三、基于网络的方法

在研究生命信息系统进化论的过程中，基于网络的方法作为一种重要的研究手段非常重要。网络科学提供了一种有效处理复杂系统的理论和框架，可以用来捕捉系统组件之间的交互关系,并从全局观察系统的行为。

**(一)从信息到网络结构**

网络是构成所有复杂系统的最基本单元,无论是生物系统、社交系统还是技术系统。任何复杂的现象,从细胞内部的化学反应到人口迁移,都可以从网络的角度来看待。在这个意义上,信息就是构成网络的基本元素,例如,一个人的 DNA 序列或计算机程序的代码可以被看作包含大量信息的网络。

**1. 网络科学的基础** 网络科学的出现源于对真实世界的阐释和理解。网络的研究往往涉及两个最基本的问题,一是结构,网络是如何组织的?网络的各个组成部分如何相互连接?这些问题的回答能够帮助我们理解网络的全局属性,例如连通性、鲁棒性和模块化等。二是动态,网络如何演变?信息如何在网络中传播?解决这些问题需要理论框架和量化工具。在此基础上,新的数学理论、模型和计算工具不断被开发出来,以理解和操纵网络的结构和动态。

**2. 信息网络的分类** 信息网络依据其特性和功能可以分为几大类别:

(1)物理网络:例如电信网络和交通网络,它们通过物理链路直接连接其节点。

(2)社交网络:例如人际关系网络和协作网络,这些网络通过人际关系或共同工作关系连接其节点。

(3)生物网络:例如神经网络、代谢网络和蛋白质相互作用网络,它们则通过生物过程(例如信号转导或酶促反应)连接节点。

**3. 网络与生命进化的关系** 物种的演化历程可视为一种基于网络的过程。从微观水平上看,生物体是由网络组成的。神经元形成大脑的深层网络。细胞之间形成组织和器官的网络。在更高的层次上,个体形成社会网络或食物网。与此同时,生命的演化过程也是网络的演化。物种与物种之间通过基因水平的转移和共享形成复杂的网络结构。环境的变化作用于这些网络,导致系统的自组织演化和适应。

对网络科学基本理论和方法的深入了解使我们能够更好地理解生命如何以及为何从一种基本形式按照某种特定模式发展演化为现在的多样性。同时,这也为我们对生物现象进行预测和控制提供了可能。不论是阐释复杂性、预测未来的情况,还是治疗疾病、改善人类生活,网络科学都将发挥重要作用。

**(二)网络模型构建**

构建网络模型是网络科学的核心活动之一,它将现实世界的复杂系统抽象为数学模型,使我们能够以量化的方式理解和预测系统的行为。在构建这些模型时,图论提供了强大的数学基础,而随机网络、小世界网络和无标度网络等概念则进一步丰富了我们对复杂网络特性的理解。

**1. 图论的数学基础**　图论是研究图的数学理论,图是由节点(或顶点)以及连接这些节点的边(或链接)组成的集合。图可以是有向的(箭头表示从一个节点到另一个节点的方向)或无向的(连接节点的边没有方向)。图论提供了一套丰富的数学工具,用于分析网络的结构特性,如连通性、路径长度、环结构、节点的度(即节点连接的边的数量)等。

**2. 随机网络与小世界网络**　随机网络指的是在随机网络模型中,网络的边是随机连接的,即网络中任意两个节点之间的连接是随机发生的。这种模型可以用来描述一些简单的网络结构,但它忽略了现实世界网络的高度组织性和复杂性。小世界网络是介于完全随机网络和高度规则化网络之间的一类网络。这类网络的特点是大部分节点由少量的近邻连接,但也包含一些远程连接,使任意两个节点之间的路径长度通常都很短。这一特性解释了社交网络中"六度分隔理论"的现象。

**3. 无标度网络与复杂网络特性**　无标度网络是一类其节点的连接度分布遵循幂律分布的网络。在这样的网络中,大多数节点只有少数连接,而少数节点(称为"枢纽"或"超链接节点")则有大量的连接。无标度网络对网络中随机故障的鲁棒性很高,但对有针对性的攻击则较为脆弱。复杂网络是具有非平凡拓扑特性的网络,例如大规模集群、高度聚集以及社区结构等。这些特性反映了网络中非随机的结构性质,是网络能够高效传递信息和适应环境变化的关键。

通过对这些网络模型的研究,科学家们可以更好地理解和模拟现实世界中的复杂系统,如社交网络、生态系统、经济系统等。网络模型的构建不仅是理解这些系统内在机制的关键,也是预测未来动态和设计更加有效策略的基础。随着计算技术的发展和更多实际数据的获取,我们对复杂网络的理解将进一步深化,从而更好地应对现实世界中的挑战。

**(三)网络动态与进化**

网络动态和进化是研究网络如何随时间变化以及这些变化如何影响网络行为和功能的重要领域。了解网络的动态性是预测和控制复杂系统行为的关键。网络的演变通常涉及网络拓扑的变化、复杂网络行为的多样性以及网络的鲁棒性和抗毁性等方面。

**1. 网络拓扑的演变**　网络拓扑的演变反映了网络结构随时间的变化。这些变化可能是由于网络增加或删除节点、边的重组,或是节点和边属性的变化。例如,社交网络中个人关系的变化、互联网的增长和重组,以及交通网络的发展都涉及网络拓扑的演变。演变的动力学可能受多种因素影响,包括网络自身的增长规则、外部环境的变化以及网络内部过程的自组织行为。例如,无标度网络的形成往往遵循"优先连接"原则,即新节点倾向于与已经拥有较多连接的节点建立连接。

**2. 复杂网络行为的描述**　复杂网络行为涵盖了网络在结构和功能上展现出的各种复杂特性,包括但不限于网络同步、传播动力学(如疾病传播、信息传播)以及网络自组织和自适应行为。描述这些行为需要综合考虑网络结构的特性、节点和边的动态以及网络整体的演化规律。为了准确描述和预测这些行为,研究人员开发了一系列模型和方法,如流行病学模型用于疾病传播分析、级联模型用于理解信息或行为在社交网络中的传播过程。

**3. 网络鲁棒性与抗毁性**　网络鲁棒性和抗毁性关注的是网络在面对故障或攻击时保持功能和结构不受重大影响的能力。鲁棒性通常涉及网络对随机故障的抵抗能力,而抗毁性则关注网络对有意攻击(如针对网络中关键节点或连接的攻击)的抵抗能力。

研究表明,不同类型的网络在鲁棒性和抗毁性方面表现出显著差异。例如,无标度网络由于其少数节点拥有大量连接的特性,在面对随机故障时表现出高度的鲁棒性。但如果攻击重点针对这些高度连接的节点,网络的抗毁性则会显著下降。

**(四)生物网络的模拟与分析**

通过建立生物网络模型,并进行模拟分析,能够在多层次、多尺度下揭示生命现象的复杂逻辑。尤其是蛋白质相互作用网络、遗传调控网络以及代谢网络,为我们理解生命系统的内在机制提供了深入的视角。

**1. 蛋白质相互作用网络**　蛋白质相互作用网络(protein-protein interaction network,PPI)概括描述了细胞内蛋白质间的相互作用关系,这些交互关系起着核心作用,参与了几乎所有的生物过程,如信号转导、免疫反应、细胞循环等。分析这些网络可以帮助我们找出功能关键的蛋白质,理解蛋白质如何配合工作,甚至预测未知蛋白质的功能。

**2. 遗传调控网络**　遗传调控网络描绘了基因表达的精准调控机制。在该网络中,调控因子(如转录因子)和被调控的基因之间形成复杂的联系,共同决定了何时、何地以及何种程度地表达特定的基因。这一机制是生物体发育、形态建成以及应对环境变化的重要手段。通过分析遗传调控网络,研究人员可以深入理解基因调控的逻辑,预测基因敲除或超表达的影响,甚至设计合成生物系统。

**3. 代谢网络的结构与功能**　代谢网络是生命系统中基本的网络类型,它描述了各种代谢反应如何以网络的形式互相联系,共同实现能量的获取、物质的生产和废弃物的清除。分析代谢网络有助于理解生物体如何从环境中获取能量,如何灵活适应营养变化,以及如何通过新陈代谢保持稳态。此外,人类很早就开始利用代谢网络进行生物生产,现代基因工程的许多结果都建立在对代谢网络深入研究的基础上。

总结来说,生物网络模拟与分析是理解生命现象、揭示生命机制的重要工具。随着生物技术的发展,我们有机会得到更精确的生物网络模型,这将加深我们对生命密码的理解,为生物技术提供新的可能。

**(五)应用领域与新发展**

网络科学的快速发展不仅深化了我们对复杂系统内在机制的理解,也拓展了其在各个领域的应用,特别是在多组学数据集成分析、人工智能以及医学诊断与治疗等方面。

**1. 多组学数据集成分析**　随着生物技术的进步,我们能够从基因组、转录组、蛋白质组等不同的生物学层面获得大量数据。多组学数据集成分析旨在将这些不同层面的数据综合起来,以获得更全面的生物系统理解。通过构建包含不同生物标志物之间相互作用的网络模型,研究人员可以更好地理解疾病的分子机制、发现潜在的生物标志物,以及探索新的治疗靶点。这种跨组学的整合分析是精准医疗和个性化医疗的重要基础。

**2. 人工智能在网络分析中的应用**　人工智能(AI)技术为分析复杂网络提供了强大的工具,特别是机器学习和深度学习。AI可以处理大规模、高维度的网络数据,识别其中的模式或规律,预测网络的动态行为,甚至自动构建网络模型。在生物信息学、社会网络分析、互联网技术等领域,AI的应用已经展现出巨大潜力。例如,人工智能可以通过学习蛋白质相互作用网络,预测新的蛋白质功能或者在药物开发中预测药物与蛋白质的作用。

**3. 医学诊断与治疗网络**　在医学领域,网络科学的应用促进了诊断技术和治疗方法的发展。医学诊断网络可以整合患者的多维度医学信息,包括遗传信息、生物化学检测、临床表现等数据,通过网络分析揭示疾病背后的复杂机制,提高诊断的准确性和效率。治疗网络则关注药物、靶点以及疾病之间的相互作用,为制定个性化治疗方案提供参考。此外,通过模拟疾病进展和治疗过程的网络模型,可以预测治疗效果,指导临床治疗决策。

## 四、基于模拟的方法

基于模拟的方法是研究和解决各类问题的一种重要工具,尤其在复杂系统或实验条件难以满足的情况下,模拟方法显示出易于控制和操作的优势。

### (一)模拟方法概述

**1. 模拟的定义与目的**　简言之,模拟就是建立一个虚拟的、可以产生实际系统行为的模型。模拟模型可以根据设定的变量进行演算,并预测未来结果或者进行实验。模拟的主要目的是通过对模型的操作和观察,来了解和分析现实世界中的复杂系统。这种方法特别适用于难以直接进行实验或实验成本高昂的情景。

**2. 生命系统模拟的意义**　生命系统因其复杂性和非线性特质,使得其行为往往难以直接预测。因此,模拟方法尤为重要,它既可以为理论研究提供可视化和定量分析的工具,也可以为实践操作提供决策支持。比如在疾病的研究和治疗上,生命系统模拟可以帮助我们理解疾病发展的动态过程,评估不同治疗方案的效果,从而指导医疗决策。

**3. 方法论与数学模型**　进行模拟的基础是对复杂系统理解的深度和广度。研究人员需要根据当前对系统的理解创建合适的模型,这涉及选择适当的形式(如代数方程、微分方程、概率模型等)、确定参数值,并校正模型以符合实际观察。这一过程通常需要在集合多学科知识的基础上进行,包括数学、物理、生物学、计算机科学等等。

在进行模拟时,应注意模型的复杂度和精度间的平衡。一个过于简单的模型可能忽视了重要的影响因素,而一个过于复杂的模型可能不仅难以处理,也可能包含过多无法确定的参数。所有模型都只是对现实世界的一种简化和抽象,在使用模拟结果时,总应谨记其局限性,并结合其他证据和方法进行科学决策。

**(二)模型构件与参数估计**

构建和分析模型是科学研究的核心部分,尤其在生命科学和工程学等领域。这一过程包括数学模型的选择、利用实验数据进行参数校准,以及进行敏感性分析和不确定性评估。

**1. 数学模型的选择**　选择合适的数学模型是进行科学模

拟的第一步。模型的选择依赖于研究问题的性质、可用数据的类型和质量，以及预期结果的精确度。在生命科学中，模型可以是简单的线性方程，也可以是复杂的动态系统模型。关键在于模型是否能够捕捉到研究对象的核心特征和动态行为。合适的模型不仅能够提供对系统行为的深刻洞察，还可以指导实验设计和理论发展。

2. **实验数据与参数校准** 模型构建之后，需要通过实验数据来校准模型参数，以确保模型预测与实际观测一致。这一过程称为参数估计或参数校准。参数校准的方法多种多样，包括但不限于最小二乘法、最大似然估计和贝叶斯方法。选择哪种方法取决于数据的性质、模型的复杂度和所需的精确度。正确的参数估计不仅可以提高模型预测的准确性，还可以增强模型的解释能力。

3. **敏感性分析与不确定性** 敏感性分析是评估模型输出对于输入参数变化的敏感度的过程。它有助于识别哪些参数对模型预测影响最大，从而可以优先考虑在实验设计和数据收集中对这些参数进行精确测量。敏感性分析还可以揭示模型的潜在不稳定性，为模型的改进提供指导。不确定性分析是评估模型预测不确定性的过程，它考虑了输入参数的不确定性、模型结构的不确定性以及数据的不确定性。通过不确定性分析，研究人员可以评估模型预测的可靠性，为决策提供重要的风险评估信息。

总的来说，模型构件与参数估计是一个迭代的过程，需要在模型选择、参数校准、敏感性分析和不确定性评估之间反复循环，以逐步优化模型的精确度和可靠性。这一过程不仅提高了模型的科学价值，也为模型的实际应用提供了坚实的基础。

## (三)模拟实施与技术

随着计算机科学和技术的迅速发展,模拟实施已经变得更加高效和强大。正确的模拟实验设计、高性能计算与并行处理技术的应用,以及模拟可视化和用户界面的优化,都是实现有效模拟的关键因素。

**1. 模拟实验设计** 模拟实验设计的目标是确保模拟尽可能准确地反映实际系统或过程。这通常涉及定义清晰的模拟目标、选择合适的模型和算法、合理设定初始条件和边界条件以及确定相应的模拟时间尺度和空间尺度。为了获得可信的模拟结果,模拟实验设计还应当考虑到实验的可重复性,确保在相同的条件下可以获得一致的结果。

**2. 高性能计算与并行处理** 高性能计算(HPC)和并行处理技术对于处理大规模模拟实验至关重要。它们能够显著减少模拟执行时间,处理庞大的数据集,以及解决复杂的数学和物理问题。通过将计算任务分配给多个处理器(或多个计算节点),并行处理可以实现模拟任务的高效执行。在过去的几十年里,随着多核 CPU 和 GPU 等技术的进步,HPC 和并行计算已经成为科学研究和工程计算中不可或缺的工具。

**3. 模拟可视化与用户界面** 模拟可视化是指将模拟结果通过图形和动画等形式直观展现出来,能够帮助研究者和工程师更好地理解和分析模拟数据。优秀的可视化工具能够揭示数据的隐藏模式,提供深入洞察,辅助决策制定。此外,友好的用户界面设计也是成功模拟的关键部分,它能够简化模型的设置、执行和结果分析过程,使得非专家用户也能够方便地使用模拟软件。

总而言之,模拟实施与技术的发展不仅提高了模拟的效率和准确性,还极大地扩展了模拟在科学研究和工程应用中的可能性。随着计算硬件和软件技术的不断进步,我们可以期待未来模拟技术将在更多领域发挥更大的作用。

**(四)案例研究**

模拟研究提供了一种强大的手段,以理解和预测各种复杂系统的行为。下面列举了几个不同领域中应用模拟方法的案例研究,从而展现了模拟技术的广泛应用和重要价值。

**1. 疾病流行病学模拟**　疾病流行病学模拟是公共卫生领域的一个重要应用,特别是在面对新兴传染病(如 COVID-19 流行)时。通过建立数学模型来模拟疾病在人群中的传播,研究人员可以预测疾病的传播趋势、评估不同干预措施(如疫苗接种、社交距离)的效果,从而为公共卫生决策提供科学依据。例如,SEIR 模型(易感者 - 暴露者 - 感染者 - 康复者模型)就是一种被广泛用于流行病学研究的模型。

**2. 环境变化对生态系统的影响**　随着气候变化和人类活动的影响,环境变化对生态系统的影响成为生态学研究的一个热点。通过建立生态系统模型并进行模拟,科学家可以分析温度升高、降水模式变化等环境因素对生物多样性、物种分布以及生态系统功能的影响。此类模拟对于理解生态系统的弹性、预测生态系统的未来发展趋势以及制定保护和管理策略具有重要意义。

**3. 遗传进化模拟**　遗传进化模拟利用计算机模型来模拟生物进化过程中的遗传变化,帮助研究者理解自然选择、遗传漂变、基因流和突变如何共同作用影响物种的进化。这些模拟可以用来探索复杂的进化问题,比如物种形成、适应性进化的机制,以及进化过程中的随机性。利用遗传算法等技术,此类模拟还能应用于解决优化问题及在人工智能领域的研究。

这些案例研究展示了模拟技术在理解和应对现实世界复杂问题中的强大潜力。无论是应对公共卫生危机、评估环境变化的长远影响,还是探索生命科学的基本规律,模拟技术都是一个不可或缺的工具。随着计算技术的进步和跨学科合作的加深,我们可以期待模拟研究在未来解决更多复杂挑战中将发挥更加关键的作用。

**(五)挑战与未来方向**

尽管模拟技术已经取得了显著的进步,并在多个领域中发挥了重要作用,但仍然面临许多挑战。同时,新的计算技术和研究方法的发展也为模拟的未来方向提供了可能性。

**1. 虚拟现实与增强现实在模拟中的应用** 虚拟现实(VR)和增强现实(AR)技术的发展为模拟提供了新的可能。通过创建沉浸式和高度交互的虚拟环境,VR 和 AR 可以大大增强模拟的直观性和体验感,使得研究者和用户能更好地理解模拟结果。一些领域,如医学教育和工程设计,已经开始尝试使用 VR/AR 来进行模拟训练和模板设计等任务。

**2. 多尺度建模的挑战与方案** 对于许多复杂系统,如生物系统、地球系统和工程系统,其行为和性质是由多个尺度的过程共同决定的。因此,将这些不同层次和尺度的过程整合到一个统一的框架中变成了一个重大的挑战。多尺度建模试图通过在一个模型中包含多个尺度的过程来解决这个问题,但这需要开发新的数学工具和计算策略,以有效处理模型的复杂性和计算量。

**3. 模拟优化与学习算法的融合** 近些年来,机器学习和人工智能的快速发展为模拟技术提供新的工具和思路。通过结合模拟和学习算法,研究者可以利用数据驱动和模型驱动的方法,以更高效和精确地解决复杂问题。例如,深度学习和强化学习被应用于优化控制策略的设计,遗传算法和蒙特卡罗方法被用于解决全局优化问题。

总的来说,模拟技术的未来充满了机遇和挑战。通过继续发展新的理论、方法和工具,我们可以期待在未来解决更多复杂的科学和工程问题。

# 第三节　生命信息系统进化的分析工具

在生命科学研究中,了解基因组组成、特征和操作方式是揭示生物现象的关键。因此,开发和使用专门的生物信息学工具成为科研人员必备的技能。

## 一、生物信息学工具

生物信息学工具通常涵盖从数据生成(如基因测序)到分析(如序列比对,基因注释,变异检测等)的全过程。

### (一)基因组测序工具

基因测序技术是生物信息学的核心部分,其包括 DNA 测序、RNA 测序和蛋白质测序等。

**1. DNA 测序技术**　DNA 测序技术使我们能够以非常高的精度读取基因组序列。最初的桑格 - 库森法已逐渐被下一代测序(NGS)技术取代,NGS 能够提供高通量的测序数据,大大提高了测序效率。其中,Illumina 平台是目前应用最常见的 NGS 技术之一。最新的技术,如 Pacbio 和 Oxford Nanopore 的长读序列技术,正在改变这一领域的格局,能实现更长的 DNA 序列读取,有助于提高基因组装配质量。

**2. RNA 测序技术**　RNA 测序(RNA-seq)是一种运用测序技术来研究转录组的工具,尤其是对 mRNA 以及其他类型的 RNA(如非编码 RNA)的研究。RNA-seq 不仅可以对基因表达进行定量,也能帮助研究者发现新的转录区,鉴定剪接位点并为基因研究提供丰富的数据来源。

**3. 蛋白质测序技术**　蛋白质测序主要依赖质谱技术,通过对蛋白质样品进行分离,再用质谱仪对肽段进行测定,质谱仪可以测定每个肽段的质量,并比对已知数据库,推定肽段的氨基酸组成。重要的蛋白质测序工具包括肽谱匹配软件(如Mascot,SEQUEST 和 COFRADIC 等)以及蛋白质数据库(如Uniprot)。这些工具旨在帮助研究者理解基因以及它们的表达产物——蛋白质的功能。

**(二)序列比对工具**

序列比对是生物信息学中的一项基础而关键的任务,主要用于鉴定 DNA、RNA 或蛋白质序列之间的相似性和进化关系。有效的序列比对工具能够帮助科研人员在庞大的生物数据中寻找目标序列,预测基因功能,以及理解物种之间的进化联系。

**1. BLAST 算法** 局部序列比对检索基本工具(BLAST)是最广泛使用的序列比对工具之一。它允许研究人员快速比较一个或多个序列与一个大型数据库中的序列。BLAST 通过查找序列之间的局部相似性,能够高效地识别出具有生物学意义的相似序列。该算法支持多种版本,包括针对核酸序列的 BLASTN,针对蛋白质序列的 BLASTP,以及其他几种特定用途的版本(如 BLASTX,TBLASTN 和 TBLASTX)。

**2. FASTA 算法** 密斯 - 沃特曼算法的快速近似算法(FASTA)是另一种流行的序列比对工具,它比 BLAST 更早提出,主要用于进行序列搜索和比对。FASTA 通过使用一个快速的预筛选步骤,快速识别潜在的匹配区域,然后使用更精确的算法来评估这些区域的相似性。FASTA 工具适用于大规模的序列数据库搜索,尤其当需要与非常大的数据库进行比对时。

**3. ClustalW 算法** ClustalW 是一种流行的多序列比对工具,广泛应用于生物信息学中的序列分析,尤其是在进行系统发育分析和功能区域鉴定时。它能够同时比对多个序列,识别出它们之间的相似性和差异性,并生成一种表示序列进化关系的系统发育树。ClustalW 使用了一种渐进式比对方法,首先基于两两比对结果构建一个粗略的全局比对,然后逐步改进这个比对结果以提高准确性。

这些序列比对工具各有特点,科研人员可以根据具体的研究需求和数据类型选择最适合的工具进行分析。随着生物信息学领域的快速发展,未来将会有更多先进的算法和软件工具被开发出来,以提高序列比对的速度和准确性。

### (三)基因注释工具

基因注释是生物信息学中的一项关键任务,旨在为基因序列提供描述性信息,包括基因的位置、结构、功能以及与其他基因之间的关系等。这些信息对于理解生物学过程、疾病机制和药物设计至关重要。以下是 3 种重要的基因注释资源:

1. Gene Ontology  Gene Ontology(GO)提供了一个系统的方法来描述基因和基因产品的属性,包含分子功能、细胞组分和生物过程三个方面。它通过为每个基因分配一个或多个"GO 项"来实现跨物种的标注和分析。GO 的一大优点是其丰富的注释数据和广泛的社区支持,可以通过 GO 术语来发现基因间潜在的功能联系。

2. KEGG 数据库  京都基因与基因组百科全书(KEGG)是一个综合性的数据库,整合了生物化学、分子生物学、疾病信息、药物信息和网络信息等多方面的数据。KEGG 主要用于研究生物系统的功能和实用性,包括细胞过程、生物过程以及生态系统的建模。通过 KEGG,研究人员可以理解基因和蛋白质组织成网络、形成代谢途径和组合生物模块的具体方式。

3. Swiss-Prot 数据库  Swiss-Prot 数据库是一个手工注

释的蛋白质序列数据库,具有高质量的蛋白质描述、蛋白质功能信息、域结构、家族关系、多肽映射、疾病相关性等信息。Swiss-Prot注重于提供准确、已验证和精确的蛋白质相关数据,是一个广泛使用的蛋白质序列和功能注释资源。通过使用 Swiss-Prot,研究者可以获取关于特定蛋白质精确的功能描述和相关文献引用。

这些基因注释工具和数据库为科研人员提供了丰富且精确的基因和蛋白质功能信息,极大地促进了生物学研究。它们也是进行基因组学、蛋白质组学研究和复杂系统分析不可或缺的资源。

**(四)基因表达分析工具**

基因表达分析工具是用于解析和理解基因如何在不同条件、不同时间点或在不同组织中表达的关键软件。这些工具可以帮助科研人员揭示基因功能、调控网络以及基因表达变化与疾病之间的关系等。主要有以下 2 种技术。

**1. RNA 测序** RNA 测序技术通过高通量测序来定量地测量在特定条件下细胞中的 RNA 水平。它能够提供关于基因表达水平、剪接变异、单核苷酸多态性(SNPs)以及新转录单元的信息。用于 RNA 测序数据分析的工具和流程包括:

(1)质量控制:如 FastQC,用于评估原始测序数据的质量。

(2)序列比对:如 STAR、HISAT2,用于将 RNA-seq 读段(reads)映射到参考基因组或转录组。

(3)表达定量:如 Cufflinks、HTSeq,用于定量基因和转录本的表达水平。

(4)差异表达分析:如 DESeq2、edgeR,用于比较不同条件下的基因表达差异。

**2. 微阵列** 微阵列技术是另一种广泛使用的基因表达分

析方法,它通过在芯片排列上成千上万的 DNA、DNA 或蛋白质探针,利用荧光或放射性标记与样本中的 RNA 或 DNA 进行杂交反应,从而实现对基因表达的量化分析。微阵列数据分析的步骤通常包括:

(1)数据预处理:背景校正、标准化等步骤,如使用 R 包 limma。

(2)表达水平计算:计算每个探针或基因的表达水平。

(3)差异表达分析:确定在不同条件或处理下显著改变表达的基因,也常用 limma 等工具。

尽管 RNA 测序技术因其高通量和能够探测新基因或转录本而越来越受欢迎,微阵列技术仍然因其成本效益和在某些应用中的可靠性而被广泛使用。选择哪种技术和分析工具很大程度上取决于具体的研究目的、可用的数据类型以及预算限制。

**(五)蛋白质结构预测工具**

蛋白质结构预测是生物信息学中的一个重要分支,目的是在没有实验三维结构数据的情况下预测蛋白质的空间结构。这种预测对于理解蛋白质的功能、设计药物和探索蛋白质之间的相互作用等方面至关重要。主要的蛋白质结构预测方法包括以下 4 种。

**1. 同源建模** 同源建模是基于一个假设,即具有相似氨基酸序列的蛋白质很可能具有相似的三维结构。因此,如果目标蛋白质与已知结构的蛋白质序列相似度高,可以使用这些已知结构作为模板进行建模。著名的同源建模工具包括:

(1)MODELLER:通过满足空间重叠约束的方式来生成模型。

(2)SWISS-MODEL:一个用户友好的网页工具,可用于自动化同源建模过程。

**2. 折叠识别**　折叠识别(或模板辅助建模)是用于那些没有明显同源性但可能共享相似结构的蛋白质。这种方法基于结构比序列保守地观察,即远缘相关的蛋白质在功能和进化压力下可能保持相同的折叠模式。折叠识别工具包括:

(1)Phyre:通过预测与大量已知蛋白质结构的相似性来识别潜在的折叠。

(2)TASSER:一个集成了多个数据库和预测方法的工具,能够提供结构和功能预测。

**3. 从头预测**　从头预测是在没有任何模板结构的情况下,基于蛋白质序列自身的物理和化学性质来预测其三维结构的方法。这种方法适用于那些独特的蛋白质,它们的结构不能通过同源建模或折叠识别来预测。从头预测是计算密集型的,常用工具主要包括 Rosetta 和 QUARK 两大蛋白结构预测软件。

蛋白质结构预测的方法和工具多种多样,选择哪种方法取决于目标蛋白质的特性和可用信息的范围。随着计算技术的发展和预测算法的改进,蛋白质结构预测的准确性和应用范围不断增强、增大,为生物学研究和药物开发提供了重要的工具。

**4. 混合方法**　混合方法结合了上述几种方法的优点,以提高预测的准确性。例如,最初尝试使用同源建模方法,如果找不到合适的模板,则使用折叠识别方法来识别可能的折叠类型,若尝试都不成功,则可能采用从头预测方法。此外,混合方法还可能结合最新的机器学习技术,如通过深度学习来改进预测效果。

随着计算能力的提升和算法的发展,特别是深度学习技术在蛋白质结构预测中的应用,预测方法正在迅速进步。近年来的一些突破性进展,如 AlphaFold 系统的成功,展示了混合方法和人工智能技术在解决蛋白质折叠问题方面的巨大潜力。

## 二、计算机模拟工具

计算机模拟工具在生物学研究中扮演着重要角色,尤其是在模拟生物分子的结构和动力学行为方面。这类工具可以遵循时间维度来推导生物分子的空间概念模型,这对于理解生物过程的微观性质及其与宏观现象之间的关系至关重要。在很多实际的生物学研究场景中,有些生物分子的行为或者过程非常复杂、难以控制,单纯依靠实验手段很难获取到完整、准确的信息。

### (一)分子动力学模拟

分子动力学模拟是一种计算方法,主要用于模拟原子和分子的物理运动。这意味着观察系统如何随时间推移并改变其状态,从而获得有关结构、动力学和热力学属性的信息。

**1. GROMACS软件**　GROMACS(Groningen machine for chemical simulations)是一个用于分子动力学模拟的软件包。它可以为不限于生物分子系统(如蛋白质、脂质双层和核酸)的模拟提供全功能、高度灵活和高效的解决方案。GROMACS特别注重计算效率,利用各种硬件架构进行优化。

**2. AMBER软件**　AMBER(assisted model building with energy refinement)是一组按照各种力场参数集执行分子动力学模拟的程序。它已被广泛应用于模拟生物分子,如蛋白质和核酸。AMBER可以使用先进的模拟方法,如自由能计算、弱偶极相互作用等。

当然,选择使用哪种工具进行模拟取决于许多因素,包括所需的精度、可用的计算资源以及特定问题的特定需求。重要的是,模拟者需要对其工具和模型作出的各种近似有深刻理解,并能够根据需要适应和修改它们。

## (二)网络模拟

网络模拟是指在计算机上模拟神经网络、生物化学网络、生态网络等复杂系统的行为和动力学。这种模拟对于理解复杂系统的功能、预测系统行为以及设计新的生物学实验等方面非常重要。网络模拟可以帮助科学家们在不进行实际实验的情况下,探索网络中不同组件之间的相互作用和动态变化。

**1. NETMOS 软件**　NETMOS(network motif simulation)软件是专为模拟和分析生物网络中的模体(即重复出现的子网络或图案)而设计的工具。模体在生物网络中扮演着重要角色,因为它们可能表示了生物系统中的基本功能单元。通过识别和模拟这些模体,NETMOS 可以帮助研究人员理解复杂网络的结构和功能特性。

**2. NEST 软件**　NEST(neural simulation tool)是一个用于模拟神经系统的强大工具,特别适用于大规模的神经网络模型。NEST 旨在为精确和高效地模拟大脑功能提供支持,包括单个神经元的活动、神经元之间的连接以及大型神经网络的动态行为。NEST 具有高度灵活性,允许用户创建和模拟具有复杂连接模式的定制神经网络模型。这使得 NEST 成为研究神经科学、理解大脑功能以及开发新的神经计算模型的理想选择。

这两种软件各有侧重,NETMOS 专注于生物化学网络中模体的模拟,而 NEST 则更专注于神经科学领域的大规模网络模拟。这些工具的应用使得科学家能够在理论和计算层面上探索和理解复杂的生物网络,为未来的生物学研究和可能的医学应用奠定基础。

## (三)系统生物学模拟

系统生物学模拟是使用数学模型和计算工具来研究生

物系统中的复杂交互作用的过程。这些模拟有助于理解在细胞和生物体级别上发生的过程,包括代谢途径、信号转导网络、基因表达调控等方面。在系统生物学领域,COPASI 和 BioNetGen 是两个广泛使用的软件,它们各自具有独特的功能和应用领域。

**1. COPASI 软件** COPASI(complex pathway simulator)是一个用于模拟和分析化学反应和生物过程的软件。它提供了一系列工具来模拟动态系统的行为、进行参数估计、稳态分析和敏感性分析等。COPASI 适用于不需要深厚编程知识的科学家和研究人员,使他们能够轻松构建复杂的生物化学网络模型,并对其进行深入分析。其特点是用户界面友好,支持常微分方程(ODE)和随机模拟,适用于代谢网络、信号转导途径等模型的建立和分析。

**2. BioNetGen 软件** BioNetGen 是一个用于系统生物学建模的软件,专注于基于规则的建模方法。这种方法特别适用于当组分类型和相互作用非常复杂时,传统的方程式建模变得不切实际。BioNetGen 允许用户定义特定的分子类型和它们之间可能的相互作用规则,然后自动生成相应的化学反应网络。其特点是强大的规则基础建模能力,自动化生成复杂反应网络,适合模拟信号转导、细胞周期控制等动态生物系统。

这些工具在系统生物学中的应用非常广泛,从单个细胞内的分子网络到整个生态系统的模型,都可以利用这些软件来进行模拟和分析。它们帮助科学家理解生物系统的复杂性,预测系统行为,以及设计新的实验来验证模型预测。通过COPASI 和 BioNetGen 等软件,研究人员可以在没有实验数据的情况下探索生物系统的理论可能性,或者使用实验数据来精确地调整和验证他们的模型。这种计算方法在药物开发、代谢工程、疾病模型构建等领域显示了巨大的潜力。

## (四)群体遗传学模拟

群体遗传学模拟研究一个或多个种群中基因频率的变动。这种模拟可以帮助研究者理解种群规模、迁移、选择压、突变等因素如何影响种群的遗传结构。ms 和 DIYABC 是两个在群体遗传学模拟领域广泛使用的软件。

**1. ms 软件**　ms 软件是一种用于模拟基因频率变化的经典工具,特别适用于对自然种群进行模拟。用户可以设定种群大小、突变率、选择系数等参数,然后 ms 软件会根据这些参数生成模拟数据。此外,ms 还支持模拟复杂的演化事件,如种群分离和合并。ms 是一种命令行工具,已被集成到许多其他生物信息学工具和流程中。

**2. DIYABC 软件**　DIYABC 软件特别适合对复杂系统进行近似贝叶斯计算。DIYABC 用户界面友好,可以处理很多种流行的遗传标记类型,包括微卫星、序列基因、SNPs 等,也能处理复杂的历史和演化模型。

通过这些工具,研究者可以模拟种群过去的历史变迁,研究各种演化力量(如选择、迁移、突变、随机性等)是如何驱动基因频率的变化的。这些模拟结果能为实验设计、数据分析和理论预测提供有价值的参考。

## (五)进化博弈论模拟

进化博弈论模拟是用计算方法来分析在演化过程中,个体如何通过自身策略来优化个体或群体的适应性。这类模拟有助于深入理解自然选择、合作与竞争等行为在生物种群和社会动态中的作用。Swarm 和 Mesa 软件是在这一领域广泛使用的两个工具。

**1. Swarm 软件**　Swarm 是一个为构建多主体模拟(agent-based models, ABM)而设计的平台,允许研究者创建可交互个体（代理），这些个体能根据一组规则进行决策和行动。该软件非常适合模拟复杂系统中的适应性行为和演化过程，包括进化博弈论研究。Swarm 提供了一套灵活的应用编程接口（API）和建模框架，以支持广泛的研究领域，包括生态学、经济学和社会科学等。通过 Swarm，研究者能够在群体动态模型中探索个体之间的相互作用和集体行为的演化。

2. Mesa 软件　Mesa 是一个开源的 Python 库，专为开发多主体模拟而设计。它提供了制造、管理、分析复杂代理行为的必要工具和组件，让研究者能够轻松在 Python 环境下进行进化博弈论和其他多主体系统的模拟。Mesa 的优点在于其易于使用、灵活性高，并且能够利用 Python 强大的科学计算和数据分析能力。Mesa 支持创建复杂的模型，研究者可以模拟代理之间的相互作用和策略变化，分析如何影响群体的整体行为和进化过程。这为理解社会动态、经济系统以及生物演化等方面提供了有力的工具。

这两个软件各有侧重点，Swarm 注重于提供一个通用的模拟平台，适合于那些希望从底层构建和探索复杂系统演化的研究者。而 Mesa 则侧重于易用性和集成 Python 强大功能的方面，适合于那些希望快速构建和测试多主体模拟模型的研究者。从社会科学到生物科学的应用，这些工具都为进化博弈论提供了有效的研究平台。

# 第四节　生命信息系统进化的应用实例

## 一、基因组进化分析

基因组进化分析是比较物种之间的相近性和差异，从而探究生物进化和物种多样性之间的关系。这样的分析通常涉及基因组序列比较和进化树的构建。

## (一)基因组序列比较与进化树构建

这是分析基因组进化的重要步骤。首先,我们需要通过序列比对方法比较不同物种的基因组序列。然后,基于比对的结果,我们可以使用进化树构建算法来揭示物种间的进化关系。

**1. 序列比对方法**  序列比对是基因组分析的基础步骤。常用的序列比对方法包括局部序列比对(例如 Smith-Waterman 算法)和全局序列比对(例如 Needleman-Wunsch 算法)。此外,还有对多序列进行比对的方法,例如 ClustalW 和 MUSCLE 等。

**2. 进化树构建算法**  基于比对结果,我们可以构建进化树,也称为演化树或者系统发生树,以反映物种间的相近性和差异。常用的进化树构建算法包括最大简约法(maximum parsimony),最大似然法(maximum likelihood method),以及距离矩阵法(distance matrix method),如 UPGMA 和 Neighbor-Joining 等。

**3. 基于多序列比对的基因组进化分析**  在进行基因组进化分析时,研究者经常需要处理大量的基因组序列。在这种情况下,多序列比对(MSA)就成为了重要的工具。MSA 可以比较三个或更多的序列,而且可以处理基因或者蛋白质序列。基于MSA 的结果,我们可以描绘出基因或蛋白质家族的进化关系。

总的来说,基因组进化分析通过比较不同物种的基因组序列和构建进化树,帮助我们理解物种间的关系,揭示生命信息系统的进化轨迹,对生命的起源、生态研究、物种鉴定以及药物设计都有重要的意义。

## (二)基因组结构与功能变异分析

基因组结构和功能变异分析是理解生物多样性和遗传疾病的关键。这一部分涉及识别和解析基因组中的变异,包括它们的类型、起源、分布以及对生物体结构和功能的影响。

**1. 变异类型及其影响**　在基因组中,变异可以广泛分为结构变异和功能变异。结构变异包括插入、删除、倒位、复制和易位等,它们可能会影响基因的拷贝数,导致基因表达的改变。功能变异通常涉及单核苷酸多态性(SNPs)、小的插入和删除(indels),以及影响基因表达调控区域的变异,这些变异可能会影响基因的功能和蛋白质的活性。

**2. 基因组结构变异的分析方法**　基因组结构变异的分析方法包括高通量测序技术(如全基因组测序、全外显子组测序等)、芯片技术(如 SNP 芯片、CGH 芯片等),以及生物信息学工具。这些方法可以帮助研究人员在基因组范围内识别结构变异,包括大尺度的插入、删除和其他重排事件。生物信息学工具,如 SVCaller 和 BreakDancer 等,能够从测序数据中检测和注释这些变异。

**3. 基因组功能变异的分析方法**　基因组功能变异的分析方法主要依赖于基因表达分析(如 RNA 测序)、表观遗传学分析(如 DNA 甲基化测序、组蛋白修饰分析),以及功能基因组学实验(如 CRISPR/Cas9 基因编辑)。这些方法可以揭示特定变异如何影响基因表达、蛋白质功能和细胞代谢途径。此外,全基因组关联研究(GWAS)和表达量性状位点分析(eQTL 分析)等群体遗传学方法可用来识别与特定表型或疾病相关的功能变异。

结合这些分析方法,研究人员可以全面理解基因组变异如何影响生物体的结构和功能,从而揭示疾病的分子基础、促进新药的开发以及理解生物多样性的遗传基础。

**(三)基因组网络与模块进化分析**

基因组网络和模块进化分析是理解基因如何在网络中相互作用,并且这些相互作用是如何随时间演化来适应环境变化的重要工具。这些分析有助于揭示复杂生物学过程的基础,并对研究生物系统的稳定性和适应性提供参考。

**1. 基因组网络的构建与分析** 基因组网络是通过基因或蛋白质之间的相互作用关系构建的。这些网络包括转录调控网络、蛋白质 - 蛋白质相互作用网络和代谢网络等。构建这些网络通常需要集成多种生物学数据,包括基因表达数据、蛋白质互作数据和代谢物信息等。分析基因组网络通常涉及确定网络的拓扑结构特征,如节点(基因或蛋白质)之间的连接度、网络聚类系数和路径长度等。这些分析有助于识别网络中的关键节点或模块,这些节点或模块对生物学功能和稳定性至关重要。

**2. 模块化进化分析方法** 模块化进化分析方法是研究网络如何在演化过程中按模块方式进行重组或变化的。这种分析包括识别出网络中功能相似或相互作用紧密的基因集合,并分析这些模块在不同物种或不同环境条件下的保守性或变异性。为了进行模块化进化分析,研究者常使用图论和聚类技术,如层次聚类和社区发现算法,来识别网络中的密集相连子图(模块)。此外,还可以通过比较这些模块在不同物种中的保留情况,来探究它们的演化历史和功能演化。

**3. 基因家族与模块进化分析** 基因家族的进化分析进一步深入研究网络和模块内部具体基因的进化模式。基因家族是由于基因复制事件产生的一组具有序列相似性的基因。这些基因通过演化过程中的功能分化,可能参与到不同的生物学过程中。通过对基因家族在不同模块中的分布和演化关系的分析,研究者可以识别出对特定生物学过程至关重要的基因,以及这些过程如何随时间演化来适应不同的环境压力。这通常需要结合系统发生分析、基因结构和表达分析以及功能注释等信息。

总的来说,基因组网络和模块进化分析提供了一种强大的方法,用于理解基因如何通过网络相互作用以及这些网络和模块是如何随时间演化的。这对于揭示生物系统的复杂性和适应性提供了重要的见解。

## 二、蛋白质结构预测

### (一)蛋白质结构预测

蛋白质结构预测是生物信息学领域的一个重要研究方向,它试图从蛋白质的氨基酸序列预测其三维结构。

**1. 蛋白质结构的重要性**　蛋白质结构是决定其生物学功能的核心因素。蛋白质是细胞内的主要执行者,它们的功能包括催化化学反应(酶)、传递信号(受体)、维持细胞结构和参与免疫反应等。此外,蛋白质结构的改变或异常通常会导致疾病的发生,因此,分析和理解蛋白质的结构有助于疾病的预防、诊断和治疗。

**2. 蛋白质结构的分类**　蛋白质结构通常分为四个等级:一级结构、二级结构、三级结构和四级结构。一级结构是蛋白质的氨基酸序列;二级结构是由氢键导致的局部折叠形式,常见的有 α- 螺旋和 β- 折叠;三级结构是蛋白质分子在三维空间中全局的折叠形态,由非共价相互作用(如范德华力、氢键、疏水作用和离子键等)形成;四级结构是由多个蛋白质亚基组合而成的多肽复合体结构。

**3. 蛋白质结构预测的目标**　蛋白质结构预测的主要目标是从一个给定的氨基酸序列预测出其可能的三级结构。目前的方法主要分为两类:模板基准的预测(或同源建模)和非模板基准的预测。在模板基准的预测中,预测过程基于找到一个已知结构的模板,并基于此模板调整目标蛋白质的结构。而在非模板基准的预测中,预测过程主要依赖于蛋白质的物理化学性质和统计学习的方法。无论哪种方法,其最终目标都是获得一个可以解释或预测蛋白质功能的结构模型。

蛋白质结构预测的准确性是生物信息学中的一个重要问题。尽管在过去几十年里,这个领域取得了显著的进步,但依然面临许多挑战,比如神经退行性疾病中的异常蛋白质折叠和聚集问题。目前陆续有一些新的方法和技术来解决这些挑战,例如人工智能和深度学习技术,蛋白质结构预测领域的应用。

**(二)蛋白质结构预测评估与应用**

蛋白质结构预测的评估和应用是确保预测结果准确性和实际应用价值的重要环节。不仅包括如何评估预测结构的准确度,还涵盖预测结果在药物设计和疾病研究中的广泛应用。

**1. 蛋白质结构预测评估方法** 评估蛋白质结构预测结果的准确性通常通过与实验确定的结构进行比较来进行。主要的评估指标包括:

(1)均方根偏差(RMSD):衡量预测结构与实验结构中相应原子之间距离的平均偏差,RMSD越小,预测的准确性越高。

(2)GDT(全局距离测试)得分:通过计算预测和实验结构之间相对应原子的距离差来评估结构相似性,得分范围从0到100,得分越高,相似性越大。

(3)TM得分(模板建模得分):考虑到结构大小的归一化指标,用于评估结构的整体相似性。

这些评估方法有助于科研人员判断预测结构的可靠性和应用前景。

**2. 蛋白质结构预测在药物设计中的应用** 蛋白质结构预测在药物设计和开发中占有非常重要的地位。通过预测靶标蛋白的结构,研究人员能够识别活性位点,从而确定蛋白质上与药物结合的关键区域;通过虚拟筛选,在计算机模拟环境中测试成千上万种化合物,以寻找可能的药物候选。此外根据与靶标蛋白质的结合模式,对化合物进行修改,提高亲和力和特异性,促进药物优化。这一过程显著加快了新药的研发速度,降低了研发成本。

**3. 蛋白质结构预测在疾病研究中的应用** 在疾病研究领域,蛋白质结构预测帮助科学家理解疾病机理,特别是在以下方面:

(1)功能失调:通过比较正常和突变蛋白质的结构,研究它们功能上的差异。

(2)病理机制:揭示特定的蛋白质结构变化如何导致疾病的发生和发展。

(3)生物标志物开发:识别与特定疾病相关的蛋白质结构特征,用于疾病的诊断和预后评估。

总体而言,蛋白质结构预测不仅对基础科学研究至关重要,也为药物开发和疾病治疗提供了强大的工具。随着预测技术的不断进步,其在生物医学领域的应用将越来越广泛。

## 三、生态系统稳定性分析

生态系统稳定性分析是生态学研究的一个核心领域,旨在理解生态系统对扰动的响应和恢复能力。这一领域的研究帮助我们预测生态系统对自然或人为干预的反应,以及评估生态系统维持其功能和服务的能力。

**(一)生态系统稳定性的基本概念**

生态系统稳定性的研究涉及对生态系统在面临外部扰动时保持其结构和功能的能力的分析。

**1. 生态系统稳定性的定义** 生态系统稳定性通常指生态系统在遭受扰动后,其能够保持原有结构和功能或恢复到原有状态的能力。这涵盖了生态系统对扰动的抵抗能力和恢复能力。

**2. 生态系统稳定性的分类**　生态系统稳定性可以从不同的角度进行分类,常见的分类包括:

(1)抵抗性(resistance):生态系统面对外部扰动时,保持其结构、功能不变的能力。

(2)恢复力(resilience):生态系统在遭受扰动后,能够快速恢复到原有状态的能力。

(3)持久性(persistence):生态系统长期保持其结构和功能的能力,即使在多次或持续的扰动后也能保持稳定。

(4)稳定性(stability):通常指生态系统在扰动后维持其结构和功能的总体能力。

**3. 生态系统稳定性的意义**　生态系统稳定性的研究对于生态保护和环境管理具有重要意义。通过理解生态系统对不同类型和程度的扰动的响应,我们可以更好地预测和减轻人类活动对生态系统的影响,保护生物多样性,并确保生态系统服务(如水净化、空气净化、食物生产和碳固定)的持续提供。此外,稳定性分析有助于指导生态恢复项目,通过增强生态系统的抵抗力和恢复力来提升其长期的稳定性和可持续性。

**(二)生态系统稳定性分析方法**

分析生态系统稳定性的方法多种多样,每种方法都试图从不同的角度理解和预测生态系统对扰动的反应。以下是几种主要的分析方法:

**1. 动力学模型分析方法**　动力学模型主要通过构建生态系统组成部分之间相互作用的数学模型来研究生态系统的稳定性。这些模型可以是确定性的或随机性的,它们允许研究者模拟不同类型和强度的扰动对生态系统的影响,并预测生态系统的动态变化。动力学模型特别适用于研究种群动态、

捕食者 - 食物关系和竞争关系等。

**2. 网络模型分析方法**　网络模型分析方法通过构建物种间相互作用的网络,如食物网、互惠网络(例如授粉者与植物之间的关系)来分析生态系统稳定性。这些模型强调了物种之间相互依赖关系的复杂性和生态系统内部连接的重要性。通过分析网络的结构特性,如连通性、集群系数和中心性等,研究者可以评估生态系统对扰动的抵抗力和恢复力。

**3. 空间模型分析方法**　空间模型考虑了生态系统中空间异质性的影响,包括生境片段化、生态边缘效应和空间分布的不均匀性。这些模型通过引入空间尺度来研究物种分布、迁移和局部灭绝事件如何影响生态系统的整体稳定性。空间模型特别适用于景观生态学问题研究和生态系统恢复项目。

**4. 综合模型分析方法**　综合模型分析方法结合了上述几种方法的优点,以更全面地分析生态系统稳定性。这些模型可能会同时考虑生态系统的动力学、网络结构和空间分布,甚至包括人类活动的影响。综合模型能够提供更为复杂和准确的预测,帮助研究者和决策者理解生态系统在多重压力下的表现。

每种分析方法都有其特定的应用场景和局限性。选择合适的方法需要考虑生态系统的特性、研究目标和可用数据。随着计算技术的进步和生态学理论的发展,这些方法正不断被完善和扩展,以更好地服务于生态系统管理和保护工作。

**(三)生态系统稳定性分析应用实例**

生态系统稳定性分析的在自然生态系统、人工生态系统,以及生态系统恢复与重建的均有应用案例。这些实例展示了如何使用前述分析方法来评估和提升生态系统的稳定性。

**1. 自然生态系统稳定性分析**　自然生态系统稳定性分析通常关注原生态系统对自然扰动(如火灾、洪水、疾病等)或人为干预(如森林砍伐、城市化等)的响应。例如,通过动力学模型分析,研究人员可以模拟气候变化对珊瑚礁生态系统的影响,评估不同温度和酸化水平下珊瑚的生存和繁殖能力。这类分析有助于识别生态系统的脆弱点和抵抗力源泉,为保护措施提供科学依据。

**2. 人工生态系统稳定性分析**　人工生态系统,如农业生态系统、城市绿地、人工湿地等,其稳定性分析着重于评估这些系统在人为管理下的持续功能性。例如,网络模型分析可以用于评估农田生态系统中作物与害虫和益虫之间的相互作用,从而设计出更有效的生物防治策略,以维持生态系统的稳定性和生产力。人工生态系统稳定性分析也强调了生态设计和管理策略在提升生态系统服务和抵抗力中的作用。

**3. 生态系统恢复与重建稳定性分析**　生态系统恢复与重建稳定性分析侧重于经过人为干预后生态系统恢复原有功能或重建新功能的能力。空间模型分析方法在这方面尤其重要,它能够帮助研究者评估生态恢复项目中不同恢复策略(如连通性增强、物种重新引入)对生态系统整体稳定性的影响。例如,通过模拟不同的植被恢复模式和管理措施,研究人员可以预测生态系统对未来扰动的抵抗力和恢复力,为恢复项目的规划和实施提供指导。

这些应用实例说明了生态系统稳定性分析在理解和管理自然与人工生态系统中的重要性。通过精细化的模型和方法,科学家和管理者能够更准确地预测生态系统对扰动的响应,制定有效的保护、管理和恢复策略,以保障生态系统的健康和持久性。

### 四、疾病传播模型分析

疾病传播模型分析是公共卫生和流行病学领域的一个重要部分,它使用数学和计算模型来描述和预测疾病在人群中的传播方式。这些模型能够帮助科学家和政策制定者理解疾病传播的动态过程,评估控制措施的效果,并指导公共卫生决策。

**(一)疾病传播模型的基本概念**

疾病传播模型通过数学语言描述疾病从一个宿主传播到另一个宿主的过程,它们尝试捕捉传播过程中的关键参数和动态。

**1. 疾病传播模型的定义**　疾病传播模型是一套数学构架,用于模拟和分析传染病在人群中的传播动态。这些模型通常基于一定的假设,比如宿主群体的均匀性、接触模式的简化等,以便于计算和预测。

**2. 疾病传播模型的分类**　疾病传播模型可分为几种类型,包括但不限于以下 4 种:

(1)确定性模型:使用固定参数来预测疾病传播的平均趋势,如经典的 SIR(易感者 - 感染者 - 移除者)模型。

(2)随机模型:考虑随机性因素,如疾病传播和恢复过程的随机变化,适用于小规模人群或传播初期。

(3)空间模型:考虑地理位置和移动性对疾病传播的影响,用于研究区域间的疾病扩散。

(4)网络模型:考虑个体间的具体接触网络,用于分析疾病在复杂社交网络中的传播。

**3. 疾病传播模型的意义**　疾病传播模型对于理解和控制传染病具有重大意义。它们可以帮助预测疾病的传播趋势,评估防控措施(如疫苗接种、隔离策略、公共卫生干预)的潜在效果,以及优化资源分配。在疫情暴发期间,疾病传播模型尤其重要,它们为决策提供了科学依据,有助于减轻疾病对社会和经济的影响。

**(二)疾病传播模型分析方法**

疾病传播模型分析方法提供了一系列工具和框架,用于研究传染病在人群中的传播动态。这些模型根据疾病传播的特性和人群的行为模式,采用不同的数学结构来模拟疾病的传播过程。

1. SIR 模型与 SIS 模型  SIR 模型是最基本的传染病模型之一,包含易感者(susceptible person)、感染者(infector)和移除者(remover)。在这个模型中,人群被假设为只能处于这三种状态之一。一旦感染者传播疾病给易感者,易感者就会变成感染者,随后,感染者会在痊愈或死亡后被移出传播链。与 SIR 模型不同,SIS 模型假设个体在感染后并不获得免疫力,而是在康复后再次成为易感者。这种模型适用于一些只提供暂时免疫力的疾病,如感冒。

2. SEIR 模型与 SEIS 模型  SEIR 模型是在 SIR 模型的基础上增加了一个暴露者(exposed person)的类别。在这个模型中,易感者首先变成暴露者,即他们已经被感染但还没有传染性,之后才成为感染者。这个模型适用于有潜伏期的疾病。SEIS 模型是结合了 SEIR 模型和 SIS 模型的特点,即人群在经历了潜伏期并感染后,康复可以再次变成易感者。

3. **其他扩展模型**  除了上述基本模型,还有许多扩展模型考虑了更多的现实因素,如季节性变化、人口年龄结构、疫苗接种、疾病致死率变化等。这些模型更复杂,但能更准确地描述和预测疾病传播的过程。

4. **复杂网络疾病传播模型**  复杂网络疾病传播模型考虑了人群间复杂的社交网络结构,如家庭、学校、工作场所等社交联系。这类模型不再假设人群是完全均匀混合的,而是根据个体间的实际接触模式来模拟疾病的传播。这些模型特别适用于分析和预测如 COVID-19 这样通过密切接触传播的疾病。

每种模型都有其适用范围和局限性,选择合适的模型需要根据疾病的特性、可用数据和研究目的来决定。通过这些模型分析方法,研究者能够更好地理解和预测疾病的传播趋势,为制定有效的公共卫生策略提供支持。

**(三)疾病传播模型应用实例**

疾病传播模型的应用遍及传染病、非传染病,以及跨物种疾病传播的分析。这些应用展示了疾病传播模型在理解疾病动态、制定干预策略,以及预测未来传播趋势中的重要作用。

**1.传染病传播模型分析**　传染病传播模型广泛应用于流行病的暴发和控制中。例如,COVID-19 大流行期间,各种SIR 和 SEIR 模型被用来预测疾病的传播速度和范围,评估社会隔离、戴口罩、疫苗接种等公共卫生措施的效果。这些模型帮助政府和公共卫生机构优化资源配置,减少疾病传播。

**2.非传染病传播模型分析**　虽然非传染病不通过人与人之间直接传播,但也会用疾病传播模型来分析其通过人口行为模式和社会因素传播的趋势。例如,肥胖和糖尿病的传播模型可以揭示生活方式、饮食习惯等因素如何在人群中传播,从而影响这类非传染病的发病率。这类模型对于制定有效的公共健康策略和干预措施至关重要。

**3.跨物种疾病传播模型分析**　跨物种疾病传播模型(如人畜共患病模型)分析了疾病从动物宿主传播到人类的过程。这些模型考虑了动物与人之间的接触频率、传播途径以及环境因素的影响,对于预测和控制如禽流感、埃博拉病毒和新型冠状病毒等疫情具有重要意义。通过这些模型,研究者可以评估不同的监控和干预策略,以防止疾病在物种之间的传播。

这些应用实例展示了疾病传播模型在公共卫生领域的广泛应用,它们不仅能够帮助理解和预测疾病传播动态,还能指导有效的疾病预防、控制和干预策略的制定。随着数据收集和计算技术的进步,这些模型的精确度和实用性将进一步提高,为全球疾病控制和预防工作作出更大贡献。

# 第五章

## 生命信息系统进化的意义与未来展望

## 第一节　生命信息系统进化的意义

生命信息系统进化是生物进化研究的重要组成部分,其广义包括生物体系中信息传递、处理及使用的全过程,而这一切的基础都根植于生物的遗传物质。在本节内容中,我们从生物学角度来探讨生命信息系统进化的含义。

### 一、生物学意义

生命信息系统进化对于生物学研究具有深远的意义。通过研究生命信息系统进化,我们能够理解生物多样性的起源和维持、生物体结构与功能的优化,以及生物进化的驱动力,从而揭示生命的起源、进化以及未来走向。

#### (一)生物多样性的起源与维持

生命信息系统的进化,尤其是遗传物质的变异与筛选,对于理解生物多样性的起源与维持具有重要意义。生物多样性的起源主要归因于种内和种间的遗传变异。这是生命信息系统进化的最初级阶段,也是生命体基本属性的源泉。这个过程主要通过基因突变(如替换、插入、删除等)和基因重组(如交叉、转座、重复等)产生新的基因型和表型,从而引发生物体复杂性的增加和种群的分化。在地理隔离、生态位差异或性选择压力下,基因流受到限制和选择作用被强化可促使种群产生新的物种,最终形成生物多样性。

生物多样性的维持则取决于环境和遗传等众多因素。环境因素包括气候条件、资源供应、生物互作和扰动因素等。遗传因素则关乎种族种群的遗传基础和自然选择影响下的遗传变异、遗传漂变甚至基因流。因此,利用生命信息系统进化模型,科学家们可以更准确地预测,这些环境和遗传因素如何共同作用于特定种族种群,从而维持生物多样性。

**(二)生物体结构与功能的优化**

生命信息系统的进化驱动了生物体的不断适应与优化。无论是人类的直立行走、鸟类的飞行,还是微生物调控菌落密度等,每一个生物体的外表和功能性状都是基因与环境长期相互作用的结果。突变的累积和自然选择在其中的作用特别关键。

突变是生命信息系统进化中的创新性力量。它通过改变基因序列或表达,产生新的变异性状,为种群提供适应新环境的原始材料。不过,大多数突变可能无效或有害。因此,只有少数突变能通过自然选择的筛选,成为具有适应意义的优化性状,乃至被固定并在代际间传递。

自然选择则是生命信息系统进化中的保守性力量,"适者生存"是其核心理念。在此过程中,适应性强的个体更有可能生存和繁殖,从而把自己的优良基因遗传给下一代。这样,在许多代的演化之后,生物体就可能形成更适应环境的结构和功能,并使其在种群内广泛分布。

**(三)生物进化的驱动力**

生命信息系统的进化也关乎生物进化的根本动力——自然选择。运用了生命信息系统为其提供的突变和遗传漂变等随机因素,以及种族种群、环境等非随机因素,共同塑造了生物的多样性。自然选择不仅可以解释生物体适应性状的优化和维持,还可解释生物形态的多样性,以及物种的起源和灭绝。

### (四)生物适应与演化的关系

生物适应性是生物通过演化过程在其生活环境中形成的特征,这些特征使得生物能够更好地生存和繁衍。适应性演化是通过自然选择、性竞争等机制,使生物体朝着更加适应其环境的方向发展的过程。自然选择对那些能够提高生物生存和繁殖成功率的遗传变异给予了优先权。因此,生物适应性和演化紧密相连,适应性变化是演化过程的直接结果。

### (五)生物进化的时间尺度与空间尺度

生物进化的时间尺度可以从几代到数百万年不等,主要取决于生物种类、环境变化和演化过程的复杂程度。在微观层面,一些细菌和病毒可在短短几天或几周内演化出对药物的抗性。在宏观层面,复杂生物的演化,往往需要漫长的时间,如鸟类从恐龙演化而来,这个历程可能经历数百万年。空间尺度上,生物演化可以在小范围内(如一个岛屿或湖泊),也可在全球范围内发生,受到地理隔离、生态位分化和大规模环境变化的影响。

### (六)生物进化的模式与机制

生物进化的模式包括渐进演化、分歧演化、趋同演化和盲目演化等。渐进演化是指生物特征逐渐而连续地变化;分歧演化是指从一个共同祖先演化出不同物种的过程;趋同演化是指不同演化支系的生物独立发展出相似的适应性特征;盲目演化是指演化过程中的随机变化。演化机制主要包括自然选择、遗传漂变、基因流和突变等,这些因素共同作用来推动生物的演化。

### (七)生物进化与遗传学的关系

生物进化与遗传学紧密相关。遗传学是研究生物遗传特征如何在代际间传递的科学。进化则是这些遗传特征在群体中随时间发生变化的过程。遗传变异是演化的原材料,而遗传机制(如 DNA 复制、突变、基因重组等)决定了这些变异如何产生和遗传。自然选择、遗传漂变等演化过程则影响这些变异在种群中的分布。因此,遗传学提供了理解生物进化机制的基础框架。

### (八)生物进化与发育生物学的关系

生物进化与发育生物学之间的联系,通常被称为"进化发育生物学"(evo-devo),是探讨生物发育过程如何影响和被演化过程所影响的研究领域。这一领域强调了遗传变异如何通过影响个体的发育过程来导致形态和功能的演化。例如,基因表达的微小变化导致生物体在发育过程中产生显著的形态学差异,进而影响其适应性和生存能力。进化发育生物学揭示了许多看似不同的生物形态是如何从共同的发育机制演化而来的,提供了一种理解生物多样性的新视角。

### (九)生物进化与系统生物学的关系

生物进化与系统生物学的关系体现在系统生物学提供了一种整合和分析生物系统内复杂交互作用的方法,帮助我们理解生物演化的动态过程。系统生物学利用数学模型和大规模数据分析来研究生物体内的遗传网络、代谢途径和蛋白质相互作用等,从整体上揭示生命系统的运行机制。这种方法可以帮助科学家理解在演化过程中,生物体是通过调整其内部系统来适应环境变化的方式,以及这些调整如何影响生物体的适应性和进化。

### (十)生物进化与生物技术的关系

生物进化与生物技术之间的关系主要体现在生物技术利用演化原理和方法来开发新技术和产品。例如,通过定向进化技术,科学家可以模拟自然选择过程来改良或开发新的酶、微生物或其他生物分子,以适应特定的工业或医疗应用。此外,基因编辑技术,如 CRISPR-Cas9,允许科学家在基因水平上进行精确地修改,这不仅提高了我们对生物进化过程的理解,也极大地推动了生物技术领域的发展。这些技术的应用在揭示了生物进化的潜在机制的同时,也为人类提供了改良生物体以满足特定需求的能力。

综上所述,生物进化与发育生物学、系统生物学和生物技术之间存在着密切的联系。这些交叉领域的研究不仅加深了我们对生命演化过程的理解,也为生物科技的发展和应用提供了理论基础和技术支持。

## 二、生态学意义

生态学意义上的生命信息系统进化提供了深入理解生态系统演化、稳定性、生态位变化以及物种间相互作用对生态进化影响的框架。这些概念和理论不仅有助于揭示生态系统内部的复杂机制,也对生态保护和生态系统管理提供了科学依据。

### (一)生态系统的演化与稳定性

生态系统演化关注的是生态系统组成、结构和功能随时间的变化,以及这些变化如何影响生态系统的稳定性和恢复力。生态系统的稳定性,即其在面对外部扰动(如自然灾害、人为干预等)时维持其结构和功能的能力,是生态研究的关键内容。随着演化,生态系统中的物种通过适应环境变化,形成了复杂的相互依赖关系,增强了系统的稳定性。同时,物种多样性的增加可以提高生态系统对外部扰动的抵抗力,促进生态系统服务的持续提供,如空气和水的净化、碳的固定和营养循环等。

## （二）生态位的形成与变化

生态位是指物种在生态系统中所占据的位置，包括它如何获取资源、与其他生物的关系以及其对环境的影响。生态位的概念是理解物种多样性和物种如何通过演化适应特定环境条件的关键。随着环境条件的变化和物种间相互作用的演变，生态位也会随之变化。物种为了减少竞争和增加生存机会，会演化出新的生态位，导致生态位分化。这种分化是物种多样性增加的重要机制之一，也是生态系统功能和复杂性增加的基础。

## （三）物种间相互作用对生态进化的影响

物种间相互作用是生态进化的重要驱动力之一。这些相互作用包括但不限于捕食、共生、竞争和寄生等。这些相互作用不仅影响个体生物的生存和繁衍，也影响物种的演化方向和速度。例如，捕食压力可以驱动猎物物种发展出更高效的逃避策略，而竞争压力则促使物种优化资源的利用效率。此外，共生关系的形成可以促进物种共同演化，发展出复杂的互利关系。这些相互作用在生态系统层面上促成了功能的多样化和生态位的细化，进而影响了生态系统的结构和动态平衡。

## （四）生态系统的复杂性与自组织

生态系统是由相互作用的生物群落和非生物环境因素组成的复杂网络。这些系统展现出高度的复杂性和自组织能力，它们能够通过内部过程自我调节和维持结构与功能的稳定性。自组织是生态系统对内外扰动作出响应的基础机制，它使得生态系统能够适应环境变化，恢复平衡或达到新的稳态。

生态系统的自组织性体现在多个层面上，从单个生物种群的动态平衡到生物群落之间的相互作用，再到整个生态系统的能量流和物质循环。这种自组织能力依赖于生物多样性和生物间复杂的相互作用。例如,捕食者与猎物之间的动态关系可以调节种群数量,而植物种群之间的竞争和共生关系则决定了资源的分配和能量流的方向。

自组织过程在生态系统的稳定性和恢复力中扮演关键角色。它们使生态系统能够在遭受干扰后自我修复,通过重新分配资源、调整物种组成和功能,以及通过创新适应策略来恢复结构和功能。这种内在的适应和调节能力是生态系统长期稳定性的关键因素之一。

**(五)生态系统的恢复与重建**

生态系统的恢复与重建是指在经历了自然或人为干扰后,生态系统采取措施恢复的原有结构和功能,或在严重退化的环境中建立新的生态系统。这一过程涉及恢复土壤肥力、植被、水文循环和生物多样性等生态要素,以及重建生态系统内物种间的相互作用和能量流动。

生态恢复的关键在于理解生态系统的自组织机制和演化动态。通过模仿自然生态系统的形成过程,可以促进生物多样性的恢复和生态功能的重建。例如,通过引入关键物种或恢复关键生态过程(如火烧、自然泛滥等),可以激发生态系统内在的恢复潜能,促进生态平衡的重建。

生态系统恢复和重建不仅有助于保护生物多样性,还能恢复生态系统服务,如水源涵养、空气净化、碳固定和侵蚀控制等,对于维持地球生命支持系统的稳定至关重要。

**(六)生态系统服务与人类福祉**

生态系统服务是自然生态系统提供的对人类有益的商品和服务,包括支持服务(如土壤形成、光合作用)、调节服务(如气候调节、疾病控制)、供给服务(如食物、淡水)和文化服务(如精神满足、休闲娱乐)。这些服务是人类生存和社会经济发展的基础,对维护人类福祉至关重要。

随着生态系统的退化和生物多样性的丧失,许多生态系统服务正遭受威胁,影响到人类社会的持续性和质量。因此,保护和恢复生态系统服务不仅是生物多样性保护的一部分,也是实现可持续发展的关键。

生态系统服务与人类福祉之间的联系表现在多个方面。首先,生态系统的健康直接关系到人类的食物安全和水资源供应。例如,湿地和森林的健康状态对水源的涵养和净化至关重要。其次,生态系统服务还包括调节气候和控制疾病传播,这些对于防止自然灾害和保护公共健康非常重要。此外,生态系统还提供了文化和休闲价值,这对于人类的精神健康和身心福祉同样重要。

维护生态系统服务需要整合生态学、社会学、经济学和政策制定等多个领域的知识。这包括保护关键生态区域、实施可持续的资源管理策略、恢复退化生态系统以及通过教育和公众参与提高生态保护意识。

通过对生态系统的复杂性与自组织、恢复与重建以及生态系统服务与人类福祉的深入探讨,我们可以看到生命信息系统进化论不仅是一个生物学和生态学的概念,也是一个涉及广泛领域的综合性理论。它强调了生态系统的动态性和复杂性,以及这些系统如何与人类福祉紧密相连。

生态系统的保护和恢复工作对于维护地球的生命支持系统至关重要。这不仅需要科学家的深入研究和理解,也需要政府、企业和公众的共同努力。只有通过集体行动和跨学科合作,我们才能有效地应对生态危机,保护和恢复我们宝贵的自然遗产,确保当前和未来世代的健康与福祉。

**(七)生态系统进化与全球变化的关系**

全球变化,包括气候变化、生物多样性损失和土地利用变化等均对生态系统进化产生了深远的影响。这些变化改变了生态系统的物理和化学环境,从而影响生物的生存条件和生态系统的整体结构。随着全球气候的变暖,许多物种不得不迁移到更适宜的生境,或适应新的环境条件,这些都是生态系统进化的表现。全球变化还加速了某些物种的灭绝,改变了物种间的相互作用模式,导致生态系统功能和服务的变化。因此,理解全球变化与生态系统进化之间的关系对预测未来生态系统的变化和制定有效的保护策略至关重要。

**(八)生态系统进化与可持续发展的关系**

生态系统进化与可持续发展之间存在密切的联系。可持续发展旨在满足当前需求,同时不对未来世代满足其需求的能力造成损害。生态系统的健康和恢复力是实现可持续发展的基础。通过保护生物多样性和促进生态系统服务的持续提供,可以支持农业、渔业、林业等关键行业的可持续性,同时降低灾害风险,提高社会的适应能力。因此,促进生态系统的健康进化和维持其功能对于实现经济、社会和环境领域的可持续发展目标至关重要。

**(九)生态系统进化的驱动力与限制因素**

生态系统进化的驱动力包括自然选择、遗传漂变、基因流和突变等进化机制。这些机制通过影响物种的遗传多样性和适应性特征,从而驱动生态系统的进化。同时,生态系统进化也受到多种限制因素的影响,如资源的可用性、生态位的竞争、生境破碎化以及气候条件等。这些因素限制了物种分布、种群大小和生物群落结构,进而影响生态系统的进化路径和速率。

**(十)生态系统进化的过程与模式**

生态系统进化的过程是动态的,涉及生物和非生物组分之间复杂的相互作用。这个过程可以通过自然选择和适应性演化来阐释,其中物种会根据其遗传变异对环境变化作出响应。生态系统进化的模式可以是渐进的,通过小的、持续的变化逐渐发展;也可以是剧烈的,通过快速的物种更替和群落重组表现出来。这些进化过程和模式共同塑造了地球上多样化的生态系统,决定了它们对环境变化的响应能力和恢复力。

总的来说,生态系统进化与全球变化、可持续发展之间存在着复杂的相互作用,这些相互作用通过一系列的驱动力和限制因素来影响生态系统的进化过程和模式。理解这些相互作用对于预测生态系统的未来变化、制定有效的环境管理政策和实现可持续发展目标至关重要。

## 三、哲学意义

### (一)生命的本源与本质

探讨生命的本源与本质是哲学和科学研究的核心议题之一。生命的本源指的是生命最初如何在地球上出现,这涉及生命起源的各种理论,如化学进化理论、外生命起源假说等。生命的本质则关乎生命的基本特征和定义,是指构成生命的基本要素及其内在的本质属性。从科学角度看,生命的本质包括了代谢、生长、繁殖、适应等特性。从哲学角度探讨,生命的本质还可能涉及意识、感知、自我意识等更为深层的问题。

### (二)生命的起源与创造

生命的起源与创造问题聚焦于探讨生命是如何以及为何在宇宙中出现的。科学上的生命起源理论尝试通过自然过程解释生命的起源,如地球上的原始汤理论。而在哲学和宗教中,生命的创造往往涉及超自然力量或神的概念。这两种观点之间存在显著的分歧,但也有尝试桥接科学与宗教理解的哲学思考,探讨宇宙中生命存在的深层次意义。

### (三)生命的普遍性与特殊性

生命的普遍性与特殊性问题聚焦于探索生命在宇宙中的

分布及其多样性。普遍性涉及生命是否仅存在于地球上,或者宇宙的其他角落是否存在生命的踪迹。这直接关联到对外星生命的搜索和研究。生命的特殊性则强调地球上生命形式的独特性,包括人类的独特地位以及生命形式多样性所体现的复杂性和独一无二的价值。

**(四)生命的连续性与非连续性**

生命的连续性与非连续性聚焦于探讨生命过程中的顺序和断裂,以及这对生命本质的意义。生命的连续性体现在遗传、进化和生态系统中的物种相互依赖上,展示了生命是一个不断演化和传递的过程。非连续性则强调生命过程中的跃迁和变革,如物种的灭绝和新物种的出现,以及生命在不同层面(分子、细胞、个体、群落)之间的跃迁。这些连续性与非连续性的概念在探索生命进化、个体发展和生态系统变化中起着关键作用。

在哲学层面,这些议题不仅触及科学研究的范畴,还涉及人类对自身以及自身在宇宙中位置的深层次反思和认识。通过探讨生命的本源、起源、普遍性与特殊性,以及连续性与非连续性,我们不仅能更深入地理解生命的科学本质,还能探索生命的更深层次哲学和存在意义,为人类在生态、道德和精神层面的决策提供指导。

**(五)生命的有序性与无序性**

生命的有序性与无序性侧重于阐释生命现象中的秩序和混沌如何共存以及相互作用。生命的有序性体现在生物体的结构和功能上,如细胞的精确组织、遗传信息的传递等。然而,生命同时也表现出无序性,如遗传变异、生态系统中的随机事件等。这种有序与无序的平衡是生命进化和适应的重要特征,反映了生命在复杂环境中保持稳定性和适应性的能力。

### (六)生命的有限性与无限性

生命的有限性与无限性讨论了生命在时间和空间上的界限与可能性。生命的有限性体现在个体生命的死亡和物种的灭绝上,强调了生命存在的短暂和脆弱。而生命的无限性则体现在生命形式的多样性、生命过程的不断演化和生态系统的复杂互动中,展现了生命在演化和适应过程中的无限潜能。

### (七)生命的确定性与不确定性

生命的确定性与不确定性探讨了生命过程中的规律性和预测性,以及其对立面的随机性和不可预测性。确定性体现在生物学中的遗传规律、生态系统的稳态等方面,而不确定性则体现在进化的偶然性、环境变化的不可预测性以及生物个体行为的多样性上。这种确定性和不确定性的交织是生命科学研究的重要挑战之一。

### (八)生命的价值与意义

生命的价值与意义是哲学、伦理学和宗教等领域深入探讨的主题。它涉及生命存在的目的和意义,以及生命对个体和社会的价值。不同文化和哲学体系对生命的价值与意义有着不同的理解和诠释,相应观点影响着人类对生命、自然和环境的态度和行为。

### (九)生命的自由与必然

生命的自由与必然讨论了生命个体的自主性,以及生命过程中的必然性如何相互作用。自由体现在生物个体的行为选择和适应策略上,而必然则体现在生物遗传、生态系统规律和进化过程中。理解这两者的关系有助于深入探讨生命的本质和演化机制。

### (十)生命的个体性与整体性

生命的个体性与整体性讨论了生命作为个体存在与作为整体(如种群、生态系统)存在的相互关系。生命的个体性强调个体的独特性和独立性,而整体性则强调生命个体之间以及与环境之间的相互依赖和互动。这个议题揭示了生命科学研究中个体与整体、局部与全局之间的复杂相互作用。

关于生命信息系统进化理论哲学意义相关议题的探讨,不仅展示了生命现象的复杂性和多样性,还揭示了生命科学研究在哲学、伦理和社会层面的深远影响。这些讨论有助于我们更全面地理解生命,并在科学、技术、伦理和政策制定中作出更明智的决策。

## 四、社会意义

### (一)人类社会的起源与发展

人类社会的起源与发展是一个复杂的过程,它与生物学进化、环境变化、技术创新和文化演化紧密相关。早期人类社会的形成受到了诸多因素的影响,包括但不限于气候条件、地理位置、可用资源等。随着时间的推移,人类发展了农业、开启定居生活、推动城市化,以及构建复杂的社会结构和政治组织形式。这一过程伴随着语言、艺术、宗教和科学知识的发展,促进了人类社会的进步和多样性的增加。

### (二)人类文明的进步与挑战

人类文明的进步体现在科技创新、社会组织、文化成就以及对自然界的认识和利用上。这些进步带来了生活水平的提高、健康状况的改善和知识的积累。然而,这一进程也伴随着挑战,包括资源的过度利用、环境污染、社会不平等和文化冲突等。对这些挑战的应对措施,如可持续发展、环境保护和社会正义,是当前和未来人类文明面临的关键议题。

### (三)人类社会的多样性与共同性

人类社会的多样性表现在不同的文化、语言、宗教和生活方式上。这种多样性是人类适应不同环境、历史背景和社会条件的结果,它丰富了人类的文化遗产和社会经验。同时,尽管存在巨大的多样性,人类社会也展现出一些共同性,如对安全、健康、幸福的普遍追求,以及面对共同挑战时的合作和团结。理解和尊重多样性的同时,寻找和强化这些共同性,对于促进全球和平、可持续发展和人类福祉至关重要。

**(四)人类社会的冲突与和谐**

人类社会的冲突与和谐反映了社会力量之间的动态平衡。冲突在人类社会中是普遍存在的,它可以来源于资源的竞争、意识形态的差异、政治权力的争夺等多种因素。冲突可促进社会变革和进步,但也可能导致破坏和苦难。和谐则是指不同社会群体之间能够达成一定的共识和平衡,共同维护社会秩序和稳定。实现社会和谐需要公正的社会制度、有效的沟通机制和共同认可的价值观。人类社会的历史既是冲突的历史,也是寻求和谐共存的历史。

**(五)人类社会的公平与正义**

公平与正义是人类社会追求的核心价值,它们关系到资源分配、权力行使和法律制定的合理性。公平指的是在相似情况下人们应受到平等对待,不因个人的性别、种族、宗教或社会地位等差异而受到歧视。正义则更强调社会制度和规则的公正性,确保每个人都能获得其应有的权利。实现社会公平与正义需要不断的社会改革和制度创新,以及全社会成员的共同努力。

**(六)人类社会的自由与约束**

自由与约束是构建社会秩序的两个基本方面。自由是指个人或群体在没有不合理外界干预的情况下,能够按照自己的意愿行事的能力。它是人类追求的一项基本权利,与个人的尊严和价值实现紧密相关。然而,为了维护社会秩序和公共利益,对个人自由是必须有一定的约束。这种约束包括法律规定、社会规范和道德准则等。合理的自由与约束平衡是实现社会和谐、保障公民权利和促进公共福祉的关键。

### （七）人类社会的创新与传统

人类社会的创新与传统展现了新思想、新技术和新方式与传统价值观、习俗和生活方式之间的关系。创新是推动社会进步和发展的重要动力，它带来了科技进步、经济增长和生活质量的提高。同时，传统承载着社会的历史、文化和身份认同，对于维护社会稳定和连续性至关重要。在不同的社会和文化中，创新与传统之间的关系可能呈现出不同的模式，既可能和谐共存，也可能激烈冲突。寻找创新与传统之间的平衡，尊重并融合历史与现代的智慧，是实现可持续发展的关键。

### （八）人类社会的发展与环境关系

人类社会的发展与环境关系探讨了人类活动对自然环境的影响，以及环境变化对社会发展的影响。随着人口增长和工业化进程的加快，环境问题如气候变化、生物多样性的锐减趋势和资源的渐趋匮乏日益成为挑战人类社会可持续发展的重大问题。这要求人类社会在追求经济发展的同时，采取有效措施保护环境，实现经济、社会和环境的协调发展。发展绿色经济、促进环保技术的创新和应用、增强公众环保意识是实现这一目标的重要途径。

### （九）人类社会的未来展望

人类社会的未来展望关注的是面对当前全球性挑战，如何构想和实现一个更加美好的未来。这包括应对气候变化、缩小贫富差距、实现社会正义和促进全球和平等方面的努力。未来的社会可能会更加重视可持续发展、社会包容性和技术伦理，同时也会面临新的挑战，如人工智能的伦理问题、网络安全和个人隐私保护等。通过国际合作、跨领域研究和公民参与，人类社会可以朝着更加公正、绿色以及和谐的方向发展。

### (十)人类社会进化的启示与借鉴

人类社会进化的启示与借鉴强调了从人类社会的历史和发展中学习的重要性。历史上的成功与失败、创新与传统的交织、社会变革的经验都为当前和未来社会的发展提供了宝贵的教训。通过研究人类社会的进化历程,我们可以更好地理解社会变革的规律、人类行为的影响以及文化的多样性和复杂性。这些洞察有助于指导我们在面对新挑战和机遇时作出更加明智的决策,促进社会的和谐与可持续发展。

通过深入探讨这些议题,不仅可以加深我们对人类社会复杂性的理解,还可以启发我们关于如何应对当前全球性问题、促进人类福祉和实现可持续发展的思考。这些讨论鼓励我们积极参与社会发展的过程,共同创造一个更加美好的未来。

## 第二节　生命信息系统进化的未来展望

### 一、研究方法的突破与发展

在探索生命信息系统进化的过程中,研究方法的突破与发展起着至关重要的作用。随着科技的进步,我们已经见证了多个领域内研究方法的显著变革,这些变革不仅加深了我们对生命科学的理解,还拓宽了研究的范畴。

### (一)计算生物学的崛起

计算生物学作为一门交叉学科,它利用数学、统计学和计算机科学的方法来解析和模拟生物系统中的复杂信息。这一领域的崛起极大地推进了生物学研究,使得我们能够在没有实验条件限制的情况下,对生命过程进行更深入的理解。计算生物学的应用范围广泛,从基因序列分析到蛋白质结构预测,再到生态系统的模拟等。

### (二)生物信息学的进展

生物信息学紧密关联于计算生物学,专注于生物数据的收集、处理、存储和分析,尤其是在基因组项目和蛋白组学研究中。随着高通量测序技术的发展,生物信息学在处理和解释海量数据方面发挥了关键作用。这一领域的进展不仅加速了新基因的发现,还促进了对复杂生物学问题的理解,如疾病机制和进化过程。

### (三)实验技术的发展

实验技术的发展对生命科学领域的贡献不可小觑。创新的实验方法,如CRISPR/Cas9基因编辑技术、单细胞测序技术和高分辨率显微镜技术,极大地扩展了我们对生命现象的研究能力。这些技术的应用不仅提高了实验的精确性和效率,还助力我们拓展新的研究领域。

### (四)数据挖掘与机器学习的应用

数据挖掘和机器学习的应用在生命科学研究中变得日益重要。通过这些技术,研究人员可以从大规模的生物学数据集中提取有价值的信息和模式。机器学习特别适合于处理那些传统生物统计方法难以解决的复杂问题,如预测基因功能、药物设计和疾病预测模型的开发。随着算法的不断优化和计算能力的提高,这些方法预计将在未来的生命科学研究中发挥更大的作用。

随着研究方法的不断进步和新技术的应用,我们对生命现象的理解将更加深入,对生命科学的探索也将更加广泛和精确。

## 二、应用领域的拓展与深化

随着生命信息系统进化论研究方法的突破与发展,应用领域也随之拓展和深化,开辟了许多新的研究方向和应用可能性。这些进步不仅加深了我们对生命科学的理解,还对医学、农业、环境保护等多个领域产生了重要影响。

**(一)基因组学与基因工程**

基因组学的研究涉及对生物体完整基因组的结构、功能和演化的分析。基因工程则利用基因组学的发现,通过直接操作 DNA 来改变生物体的遗传特性。这些技术的发展为遗传疾病的治疗、作物性状的改良以及新型生物制品的开发提供了强有力的工具。例如,通过基因编辑技术科学家能够精确地修改特定基因,以治疗某些遗传性疾病或提高作物的耐病性和产量。

**(二)蛋白质组学与药物研发**

蛋白质组学关注的是细胞内所有蛋白质的表达、功能和相互作用。这一领域的研究对于理解生物体内的复杂生化过程至关重要,并且对药物研发具有重大意义。通过分析特定疾病相关蛋白质的变化,科学家可以识别新的药物靶标,从而开发出更为有效的治疗方法。此外,蛋白质组学也在药物作用机理研究和个性化医疗中发挥着重要作用。

**(三)代谢组学与疾病诊断**

代谢组学是研究生物体内所有小分子化合物(代谢物)的组成和变化。这一领域的研究为理解生物体的代谢过程以及疾病状态下代谢的改变提供了深刻见解。代谢组学在疾病早期诊断、疾病机制研究和治疗效果监测中显示出巨大潜力。例如,通过分析血液或尿液中的代谢物,科学家能够识别出特定疾病的生物标志物,从而实现早期诊断和个性化治疗。

**(四)生态系统与生态学研究**

生态系统和生态学研究利用生命信息系统进化论的方法和技术,深入探索生物与其环境之间的相互作用和依赖关系。

这一领域的研究对于理解生物多样性、生态系统服务以及环境变化对生态系统的影响至关重要。随着全球环境问题的加剧，生态学研究在保护生物多样性、推动可持续发展政策和应对气候变化等方面发挥着越来越重要的作用。

这些应用领域的拓展与深化展示了生命科学研究的前沿进展和跨学科合作的重要性。通过不断探索和应用新的研究方法，我们不仅能够加深对生命现象的理解，还能为解决人类面临的各种挑战提供有效方案。

## 三、跨学科研究的融合与创新

跨学科研究的融合与创新是推动生命信息系统进化论前进的关键因素之一。通过结合不同学科的理论、方法和技术，科学家们能够以全新的视角和更高的效率来探索生命的奥秘，从而在生命科学领域实现重大的突破和创新。

### (一)系统生物学与生命信息系统

系统生物学是一门综合性学科，它利用计算模型来研究和理解生物系统中的复杂相互作用。通过将生命信息系统的数据与系统生物学的方法相结合，研究人员能够在整个系统层面上分析生物过程，从而揭示生物体内部复杂网络的动态性和整体性。这种方法对于理解疾病机制、药物作用和生物系统的自然规律具有重要意义。

### (二)计算机科学与生命信息系统

计算机科学与生命信息系统的融合主要体现在数据处理和模型构建上。随着生物学数据的爆炸性增长，计算机科学提供了必要的工具和算法来存储、管理和分析这些数据。从基因组学到蛋白质组学，再到复杂的生态系统分析，计算机科学的方法和技术都在其中发挥着核心作用，使得数据分析更加精确和高效。

### (三)数学与生命信息系统

数学在生命信息系统中的应用主要涉及统计分析、模型构建和预测。通过应用数学模型和算法,科学家们可以对生物学数据进行深入分析,从而发现生物过程的内在规律和模式。数学方法在系统生物学、遗传学和流行病学等领域中尤为重要,它们帮助研究人员理解复杂系统的行为并预测未来的变化。

### (四)物理学与生命信息系统

物理学与生命信息系统的结合为理解生物分子的结构和功能、细胞内部的物理过程以及生物体与环境之间的相互作用提供了新的工具和概念。利用物理学原理,如流体动力学和热力学,可以帮助解释生物系统中的能量转换和物质运输过程。此外,物理学方法在开发新的生物医学成像技术和微观操作技术方面也起到了关键作用。

跨学科研究的融合与创新不仅推动了生命信息系统理论的发展,还促进了科学研究方法的革新和应用领域的拓展。通过整合不同学科的知识和技术,我们能够更全面和深入地理解生命现象,为解决复杂的生命科学问题提供更有效的策略和解决方案。

# 第三节　生命信息系统的智能化进程

## 一、智能化的起源与演化

在探索生命信息系统的智能化进程中,了解智能化的起源和演化,对揭示生命体内信息处理和认知能力的发展至关重要。本节深入分析自然选择与智能行为的关系以及认知与信息处理的进化,为理解智能化在生命信息系统中的根本作用和演进路径提供了坚实的理论基础。

**（一）自然选择与智能行为**

智能行为在生命演化中的形成和发展，是通过自然选择这一基本机制促成的。自然选择作为生物进化的主要动力，不仅影响生物的形态结构和生理功能，而且在智能行为的演化中扮演着决定性角色。

**1. 适应性智能的形成**　在复杂多变的环境中，能够有效处理信息、作出快速反应的个体更有可能生存下来并繁殖。这种通过环境挑战形成的适应性智能，使得生物能够更好地预测环境变化、优化资源获取和防御策略。

**2. 智能行为的演化路径**　从简单的刺激 - 反应机制到复杂的问题解决和决策制定能力，智能行为的演化体现了信息处理能力的不断增强和优化。这一过程伴随着神经系统的复杂化，特别是大脑和认知功能的发展。

**3. 群体智能与社会行为**　自然选择还促进了群体智能的发展，其中个体之间的互动和信息共享增强了整个群体的适应性和生存能力，如狩猎、社会学习和文化传承等现象。

**（二）认知与信息处理的进化**

认知能力的进化是智能化进程的核心组成部分，涉及生命体如何感知环境、处理信息以及作出决策。

**1. 感知与模型构建**　生命体通过感官系统收集外部信息，然后在大脑中构建环境的内部模型。这一过程涉及复杂的数据处理和模式识别能力，使得生物能够理解环境结构并预测未来事件。

**2. 记忆与学习**　认知进化的另一关键方面是记忆和学习能力的发展。这使得生物不仅能够储存过去的经验，而且能够通过学习优化其行为策略，增强对新环境的适应性。

**3. 决策与问题解决**　随着认知复杂性的增加，生物显示出越来越高级的决策和问题解决能力。这包括从简单的条件反射到基于经验和逻辑推理的决策制定,体现了信息处理能力的高度演化。

智能化的起源与演化过程反映了生命信息系统在自然选择的作用下,如何通过增强信息处理和认知能力来适应环境挑战。从分子到细胞,再到整个生物体,智能化不仅是生命演化的产物,也是推动生命科学进步的关键。

## 二、人工智能与生物智能的叠加

在生命信息系统的智能化进程中,人工智能(AI)与生物智能的结合是创新发展的新方向。这一领域的研究不仅揭示了智能化的潜力,也为理解生物系统提供了新的视角,并为未来的技术革新开辟了道路。

### (一)系统生物学与智能化

系统生物学是一门集成学科,它利用计算工具和数学模型来理解生物系统的复杂性。智能化在系统生物学中的应用,特别是结合人工智能技术,正在推动这一领域向前发展,如以下两个方面。

**1. 整合性分析**　通过人工智能算法,可以整合和分析来自不同生物学层面(基因组、转录组、蛋白组和代谢组)的大规模数据集,揭示生物系统的复杂网络和调控机制。

**2. 预测模型**　人工智能技术,尤其是机器学习和深度学习,为预测生物系统的行为提供了强大的工具。这些模型可以预测基因编辑的后果、药物响应和疾病进展等。

### (二)建模与仿真在系统生物学中的作用

建模和仿真技术是系统生物学的核心工具,它们允许科学家在计算机上重现和研究生命过程,如以下两个方面。

**1. 高精度模型**　借助先进的计算方法,包括人工智能和机器学习,科学家能够创建出越来越精确的生物过程模型。这些模型有助于理解复杂的生物机制和预测实验结果。

**2.虚拟实验室**　仿真技术使得在不进行实际生物实验的情况下测试假设成为可能。这种方法节省了大量的时间和资源,同时减少了对实验动物的需求。

**(三)计算生物学与生物信息学的交叉**

计算生物学与生物信息学的交叉是智能化进程的另一个关键方面。这两个领域的结合,特别是在应用人工智能技术方面,为解决生物学问题提供了新的途径,如以下两个方面。

**1.数据挖掘与分析**　生物信息学利用计算工具来存储、检索、分析和解释生物大数据。结合人工智能,这些技术能够识别模式和趋势,揭示未知的生物学知识。

**2.个性化医疗**　计算生物学和生物信息学的方法,结合人工智能算法,正被用于开发个性化医疗方案。这包括基于患者特定遗传信息的药物选择和疗效预测。

人工智能与生物智能的结合在推动生命信息系统智能化进程中发挥了至关重要的作用。通过系统生物学、计算生物学和生物信息学的交叉应用,人工智能不仅加速了对生命复杂性的理解,而且还为疾病治疗、药物开发和个性化医疗等领域带来重大影响。

## 三、细胞自动化与仿生智能

本节将深入探讨细胞自动化模型、仿生计算机制及其应用,和智能化设计在合成生物学中的角色。此外,本节将分析细胞信号网络与智能之间的关系,重点关注细胞信号网络的复杂性、信息流动与网络动力学,以及信号网络在疾病治疗中的智能化策略。

## （一）细胞自动化模型简介

细胞自动化（CA）是一种离散模型，由一个规则网格的细胞组成，每个细胞处于有限的状态集之一。细胞的状态根据邻居的状态在离散时间步骤中更新，遵循一组简单的规则。这种模型被广泛用于模拟自然系统中的复杂现象，包括生物进化、组织发育和疾病扩散等。

**1. 模型特性**　细胞自动化模型的强大之处在于其简单的规则能够产生高度复杂的行为。这种模型能够揭示生物系统内部如何通过局部相互作用产生全局模式和行为。

**2. 应用领域**　细胞自动化在生物学研究中的应用非常广泛，从基础的细胞行为研究到复杂的生态系统动态都有涉及。

## （二）仿生计算机制与应用

仿生计算是一种受生物系统启发的计算方法，它试图模仿自然界的进化、自组织和学习机制来解决复杂问题。其主要方法包括遗传算法、神经网络、群体智能算法等。这些算法受到生物进化、大脑功能和社会行为的启发，能够在处理大规模、复杂数据时显示出卓越的性能。

仿生计算被用于多个领域，如优化问题、机器学习、模式识别和人工智能，帮助设计更有效的算法和系统。

## （三）智能化设计在合成生物学中的角色

合成生物学是一门新兴学科，它使用工程原则来设计和构建新的生物部件、设备和系统。智能化设计在合成生物学中的应用主要体现在以下方面：

（1）设计复杂生物系统：通过利用计算模型和仿生算法，科学家可以设计出具有预定功能的生物系统，这些系统能够在医疗、环境和工业等领域发挥作用。

（2）优化生物合成路径：智能化工具能够帮助识别和优化生物化学路径，提高生产效率，降低成本。

### (四)细胞信号网络与智能

**1. 细胞信号网络的复杂性** 细胞信号网络是生物体内部通信的复杂系统,它涉及一系列的信号分子和受体的相互作用。这些网络能够处理和响应来自内部和外部环境的信号。

(1)控制构建的信号网络:通过生物信息学和系统生物学的技术,科学家能够构建越来越详细的细胞信号网络图谱。这些图谱包含从分子到细胞,再到组织层面上的多级信息交互。

(2)网络的自组织特性:细胞信号网络显示出自组织的行为,通过分子间的相互作用产生复杂的动态模式。这一过程类似于计算中的并行处理,每个信号途径在执行其功能时,还与其他途径相互作用,形成高度协调的动态平衡。

(3)网络的稳健性:即使在扰动或损伤的情况下,信号网络仍然能够维持其功能。对于稳健性的研究有助于理解细胞如何在不稳定环境中生存和繁衍。

**2. 信息流动与网络动力学** 细胞信号网络内的信息流动展现出非线性和动态变化的特点。

(1)动态模拟:使用离散或连续模型进行信号网络动态模拟,有助于预测网络行为,理解信号如何在网络中传播。

(2)反馈控制:细胞信号网络中的信息流往往受到反馈回路的调控。这些反馈机制能够增强或抑制信号传递,是细胞行为调节的关键。

(3)信号通路的交叉调节:信号网络中不同途径之间的交叉调节增加了网络的复杂性,同时也提供了多层次的控制和高度的适应性。

**3. 信号网络在疾病治疗中的智能化策略** 细胞信号网络的研究为疾病治疗提供了新的智能化策略。

(1)目标治疗:通过分析细胞信号网络,可以识别出关键的调控节点作为药物干预的潜在目标。设计针对特定信号分子或途径的干预策略,可以更精确地治疗特定疾病。

(2)动态治疗方案:智能算法可以分析患者特定的细胞信号图谱,预测疗效和副作用,为个体化医疗提供科学依据。

(3)合成生物治疗:合成生物学方法可以设计出感知病变信号的生物传感器,这些传感器在检测到异常信号时可以启动预设的治疗程序,实现精确的疾病干预。

综上所述,智能化进程在生命信息系统中的应用是生物学、计算学习和工程学等多个领域交叉合作的产物。细胞自动化模型提供了一种理解复杂生物系统的方法论,而仿生计算则为解决这些系统中出现的复杂问题提供了灵感。智能化设计在合成生物学中发挥了极其重要的作用。进一步而言,细胞信号网络的深入研究揭示了生物系统智能化背后的机制,不仅促进了对疾病本质的理解,还进一步推动了智能化医学治疗策略的发展。未来,这种智能化的深入研究和应用将继续对生命科学、医学和工程技术产生显著的影响,促使生命信息系统的研究和应用迈向新的前沿。

## 四、智能化技术在器官与系统层面的融合

随着科学技术的迅猛发展,尤其是信息技术和生物技术的结合,在理解和设计复杂生物系统方面取得了重大突破。智能化已不再局限于单一细胞或分子层面,其技术正在与人类器官乃至整个系统层面相融合。这种融合为疾病诊断和治疗提供了新的视角,并极大地推动了精准医疗和再生医学的发展。

### (一)生命系统的多层次智能化

**1. 器官级别的智能化特征**　器官级别的智能化涉及运用先进的生物传感器、生物活性材料和生物电子系统。这些技

术结合了传统的生物学知识和最新的人工智能算法,使得器官能够自主调节和响应内在及外部环境变化。

(1)传感与反馈:器官内的传感器能检测诸如 pH、温度以及特定生物标志物的水平,并通过集成的反馈系统进行实时调节,维持生理稳态。

(2)生物打印与再生:借助 3D 生物打印技术和人工诱导多能干细胞(iPSCs),制造具有复杂结构和功能的生物活性组织,并实现受损组织的修复和再生。

**2. 多器官协同与信息交流** 智能化的发展促进了多器官间的协同作用和信息交流水平,使各器官之间的功能和反馈机制更加高效和协调。

(1)系统生物学模型:对于主要器官之间的信息交流通路进行建模,揭示生物体内多系统互动的机制。

(2)人体芯片技术:开发微型化器官芯片能够模拟和研究人体内不同器官间的相互作用。

**3. 从器官到个体的系统整合** 整体个体的智能化需要各个器官层面的智能化有机整合,形成一个协调统一的生物系统。如整体建模,结合不同层次(细胞、组织、器官)的数据进行整体建模,预测和调控个体生理行为,实现全身范围内的疾病管理和健康监控。如开发可响应特定生理信号的纳米药物递送系统,精确控制药物在体内分布和释放。

随着智能化技术的快速发展,生命信息系统在多个层次上的智能化正在成为现实。器官级别的智能化是这一进程的基石,涉及对生物监测系统和组织工程的深入研究。多器官间的协同与信息交流是确保生物系统有效运作的关键,而从器官到整体个体的系统整合是未来发展的终极目标。这些技术的融合将为医疗健康领域带来革命性的改变,为人类健康和长寿提供前所未有的新路径。

## （二）仿真模型与机体的智能调控

智能化技术的进步为生命信息系统提供了全新的研究工具和方法，特别是在仿真模型的开发和机体智能调控的应用方面。这些技术不仅加深了我们对生物系统运作机制的理解，还为医疗健康领域带来了创新的解决方案。

**1. 生理系统仿真的现状与挑战** 生理系统仿真是使用计算模型来模拟生物器官或整个生物体的生理反应和功能。这些仿真模型能够帮助科学家和医生理解复杂的生物过程，预测疾病发展和治疗效果。

目前，生理系统仿真技术已经能够模拟心脏、肺、肝等多个器官的功能，以及它们对药物的反应。这些模型在药物开发、疾病机制研究以及治疗策略优化中发挥了重要作用。尽管取得了显著进展，生理系统仿真仍面临多种挑战。包括模型的精确度、生物过程的复杂性以及不同个体间的生理差异。此外，高性能计算资源的需求和数据的隐私保护也是需要克服的问题。

**2. 电子健康记录与个性化医疗** 电子健康记录（EHR）系统收集和存储患者的医疗信息，为个性化医疗提供了基础。通过分析 EHR 中的数据，医生可以为患者提供更加精确的治疗方案。基于 EHR 的大数据分析，能够识别患者特定的健康风险和治疗响应模式，从而实现个性化的医疗方案。这种方法特别适用于癌症等复杂疾病的治疗。同时，利用 AI 技术对 EHR 数据进行深入分析，将为个性化医疗的实施提供更有效的支持。虽然 EHR 为个性化医疗提供了巨大潜力，但数据的整合、分析和隐私保护仍是目前面临的挑战。

**3. 虚拟仿真在医学教育与训练中的应用** 虚拟仿真技术在医学教育和医生训练中的应用越来越广泛，它提供了一个安全无风险的环境，让医学生和医生能够模拟各种医疗程序。

通过虚拟现实（VR）和增强现实（AR）技术，学习者可以进行手术操作、诊断过程以及紧急医疗情况的模拟训练，这些经验对于提高其临床技能至关重要。此外，虚拟仿真训练还提供了重复练习的途径。

**（三）生命信息系统的整合与智能控制**

随着技术的不断进步，生命信息系统已经开始从分散的单个组件向整合的智能化控制系统转变。这种整合使得我们能够更有效地监测和调控生物系统的各项功能，从而促进人体健康并应对各种疾病挑战。

1. **基于反馈的生命系统控制策略**　生命系统的智能控制很大程度上依赖于准确且实时的反馈机制。基于反馈的控制策略，通过监测生物体内的关键指标，自动调整治疗或支持系统的运作。如闭环控制系统，这类系统模拟生物体内自然存在的反馈回路，如胰岛素泵模拟胰腺功能，依据血糖水平自动调节胰岛素释放量。如利用身体信号实现器官功能的自主调理，比如心脏起搏器能够根据身体活动的强度自行调节心率。

2. **智能仿生装置与辅助技术**　智能仿生装置与辅助技术是生命信息系统整合的重要方面，它们不仅提高了生物体自身的功能性，也帮助恢复或替代受损的生物功能。如仿生假肢，结合先进的感应器、执行器以及算法，仿生假肢可以响应神经系统的命令，实现接近自然肢体的动作。如智能轮椅和辅助设备，这些设备可根据用户的特定需求进行自我调整，实现更加流畅和自然的用户体验，大幅提高残疾人的生活质量。

3. **穿戴设备与生物反馈技术**　穿戴设备作为生物反馈技术的一种，已经成为生命信息系统的集成成分。它们可以非侵入式地监测生理参数，并且在需要时提供即时反馈。如健康监测手环可实时追踪心率、血压、活动量等数据，通过手机应用程序来给用户反馈健康信息和建议。如生物反馈治疗，使用者可以通过生物反馈设备学习如何改善自己的身体功能,例如控制焦虑、缓解疼痛或提高注意力等。

生命信息系统的整合与智能控制代表着当前以至未来医疗技术革新的主要趋势。基于反馈的生命系统控制策略为疾病管理和健康维护提供了高效工具。而智能仿生装置与辅助技术则极大地增强了恢复身体功能的可能。穿戴设备与生物反馈技术的广泛应用则标志着个人健康管理的新纪元,它们不仅提升了个体的生活质量,同时也为预防医学领域开辟了新的路径。随着相关技术的不断进步,我们可以期待更加人性化、定制化和智能化的生命信息系统,为个体带来全面而综合的健康解决方案。

## 五、智能化在全球健康中的作用

智能化技术在塑造 21 世纪的全球健康领域扮演着至关重要的角色。其作用不仅渗透到公共卫生监测和疾病预防,还深刻影响了流行病学的数据分析方法,以及在缩小全球健康不平等方面的潜能和挑战。

### (一)增强公共卫生监测与疾病预防

在公共卫生领域,实时的监控系统和准确的风险评估模型对于预防疾病的暴发和传播至关重要。通过实时监控,利用物联网(IoT)设备和在线数据源,公共卫生机构能够实时进行环境监控和疾病监测。此外,还可以运用智能化分析工具,如机器学习和人工智能,以早期识别疾病模式及风险因素,并制定有效的预防和干预策略。

### (二)大数据分析在流行病学中的应用

大数据分析在现代流行病学研究及其应用中已成为一项核心技术。在流行病监测方面,通过社交媒体、移动设备和医疗记录等多样化的数据源,大数据技术可以帮助追踪和预测疾病流行趋势。在疾病控制方面,结合地理信息系统(GIS)技术,研究人员可以更准确地映射疾病的传播路径,从而优化资源分配和控制策略。

**(三)智能化技术与全球健康不平等**

尽管智能化技术在促进全球健康方面具有巨大的潜力,但它们也可能加剧或减轻不同地区和人群之间的健康不平等。

远程医疗和移动健康应用使得边远地区和资源受限地区的人们能够接触到先进的医疗服务。然而,技术发展可能受到经济、教育以及基础设施限制的制约,导致资讯科技发达地区与落后地区之间的差异进一步扩大。

智能化技术对全球健康的积极作用是明确的。它在提高公共卫生监测能力、增强疾病预防效果以及优化流行病学数据分析中发挥着重要作用。不过,智能化技术的广泛应用同时也对全球健康不平等现象带来新的挑战。应对这一挑战的解决方案涉及政策制定、教育投资、技术获取等层面,需要国家间的协作和全球性的视角。只有这样,我们才能确保智能化技术为所有人带来好处,真正推动全人类健康发展。

# 第四节　生命信息系统进化的挑战与机遇

## 一、技术挑战与应对策略

在生命信息系统进化的过程中,技术挑战是不可避免的。随着生物学数据量的急剧增加,如何有效管理和利用这些大数据成为一个重要议题。面对这些挑战,科学家和工程师们提出了多种应对策略。

**(一)大数据管理的问题与创新**

**1. 数据存储的挑战**　随着基因组测序、蛋白质组学研究和其他生物学实验产生的数据量日益增长,数据存储成为一个重大挑战。传统的存储方法难以应对如此庞大和复杂的数据量。这要求科学家和技术专家们开发更高效、容量更大且更可靠的存储解决方案。

**2. 数据处理的挑战**　除了存储问题外,如何快速、准确地处理和分析这些大数据也是重大挑战。大数据的处理需要强大的计算能力和高效的分析算法。这方面的挑战不仅涉及硬件的提升,还包括新的数据处理技术和算法的开发。

**3. 大数据时代的安全性问题**　随着数据量的增加,数据安全性成为不容忽视的问题。保护这些敏感数据免受未经授权的访问和攻击是至关重要的。这需要构建更为严格和先进的数据安全和隐私保护机制。

**4. 创新策略**　面对上述挑战,云存储和边缘计算被提出作为创新策略。云存储提供了一种灵活、可扩展的数据存储解决方案,使数据可以在云端高效存储和共享。边缘计算则通过在数据产生的地点进行部分数据处理,减少了对中心数据中心的依赖,提高了数据处理的速度和效率。

**(二)机器学习与人工智能的进阶**

随着生命信息系统的快速发展,机器学习和人工智能(AI)技术在处理复杂生物数据和推动生物信息学创新方面扮演了核心角色。这些进阶技术不仅提升了数据分析的效率和精确度,还开启了新的研究视角和应用领域。

**1. 面对复杂数据的分析方法**　机器学习和 AI 技术能够处理和分析大规模、高维度且复杂的生物学数据集,这些数据集对传统分析方法来说是一个巨大挑战。通过学习数据中的模式和关联,这些技术能够揭示生物过程的未知方面,为疾病诊断、药物发现和基因功能研究提供新的启示。

2. **自动化在生物信息学中的应用**　自动化技术,特别是在机器学习和 AI 的支持下,在生物信息学中的应用越来越广泛。它包括自动化的数据处理流程、实验设计以及结果分析等,显著提高了研究的效率和准确性。自动化技术使得研究人员可以更专注于实验的设计和结果的解释,而不是繁琐的数据处理工作。

3. **强化学习在生命科学中的潜能**　强化学习作为一种机器学习的分支,在生命科学领域展现出巨大的潜力。通过在模拟环境中不断试错,强化学习算法可以学习如何在特定任务中作出最优决策。这一技术在蛋白质结构预测、药物分子设计以及治疗策略优化等方面有着广泛的应用前景。

4. **伦理 AI 与可解释性**　随着机器学习和 AI 在生命科学中的应用不断深入,伦理问题和技术的可解释性也日益受到重视。确保 AI 系统的决策过程透明、公正且可解释,对于赢得公众信任和推广 AI 应用至关重要。伦理 AI 的实践需要在技术开发和应用的各个阶段考虑到数据隐私、算法偏见和用户参与等因素。

通过面对这些挑战和机遇,机器学习和人工智能技术不仅推动了生命信息系统的进化,还为解决复杂生物学问题提供了新的工具和方法。随着这些技术的不断发展和完善,它们在生物科学和医学研究中的作用将变得越来越重要。

**(三)信息技术整合的跨学科挑战**

信息技术在生命信息系统领域的整合带来了一系列跨学科挑战。这些挑战需要不同领域的专家共同合作,以实现数据、知识和方法论的有效整合。

1. **跨领域知识的融合需求**　生命信息系统的发展要求在生物学、信息技术、数学、物理学等多个学科之间实现知识和技术的融合。这种跨领域的整合不仅需要深入理解各自领域的专业知识，还需要能够在不同学科之间进行有效的沟通和协作。实现这种融合是推动生命信息系统进一步发展的关键。

**2. 生态信息系统建模的复杂性**　生态信息系统建模涉及复杂的生物多样性、环境因素以及它们之间的相互作用。这不仅是一个生物学问题，还涉及数据科学、地理信息系统、环境科学等多个领域。建立准确的模型需要各领域专家的紧密合作，以及对大量数据进行有效的整合和分析。

**3. 系统生物学在临床医学中的扩展**　系统生物学的原理和方法正在被应用到临床医学中，这涉及从分子水平到整个生物体系统的深入理解。在临床应用中，系统生物学可以帮助更好地理解疾病机制、优化治疗方案，甚至实施个性化医疗。这一领域的发展需要生物学家、医生、数据科学家等多领域专家的共同努力。

**4. 策略路径**　面对这些跨学科挑战，有效的策略包括促进高效的团队协作和加强跨学科教育培训。团队中的成员需要具备跨领域沟通的能力，并理解其他领域的基本概念和方法。同时，通过教育和培训，可以培养新一代科学家和工程师，使他们能够在这种跨学科的环境中更加有效地工作。

总体而言，信息技术整合所带来的跨学科挑战是复杂但至关重要的。通过跨学科合作和教育培训的加强，可以更好地应对这些挑战，并推动生命信息系统领域的进一步发展。

## 二、伦理问题与解决途径

伦理问题是生命信息系统发展过程中不可避免的重要议题，尤其是关于隐私权保护与数据伦理的问题。这些问题触及个人隐私权与群体利益之间的平衡，以及如何在保护隐私的同时促进科学研究的进步。

## (一)隐私权保护与数据伦理

**1. 个体隐私与群体利益的平衡** 在生命信息系统中处理和分析数据时,个体的隐私权与群体利益之间的平衡成为核心关注点。科学研究的进步往往需要分析大量的个人数据,但这同时也可能威胁到个人的隐私。找到一个合理的平衡点,既能保护个人隐私,又能促进科学研究和公共健康的发展,是一个重要的挑战。

**2. 生命信息系统中的知情同意原则** 在生命信息系统中收集和使用个人数据时,获取数据提供者的明确同意是非常重要的。然而,同意的获取过程复杂,且在不同的法律和文化背景下存在差异。如何确保同意过程的透明性和公正性,以及如何处理无法直接获得同意的情况,是当前面临的伦理难题之一。

**3. 建立国际隐私保护标准的必要性** 随着生命信息系统的全球化发展,建立一套国际通用的隐私保护标准变得十分必要。这样的标准不仅可以促进跨国科研合作,还能确保在全球范围内对个人数据的保护达到一致的标准。然而,不同国家和地区在隐私保护方面的法律和规定存在差异,制定国际标准的过程充满挑战。

**4. 解决策略** 解决这些伦理问题的策略包括加强法律框架和进行公众教育。通过制定更加严格的法律和政策,为个人数据提供更强的保护。同时,增强公众对数据隐私和伦理问题的意识也是非常重要的。公众教育可以帮助人们更好地理解他们的数据如何被使用,以及如何保护自己的隐私权。

综上所述,隐私权保护与数据伦理在生命信息系统的发展中是一个不断演化的议题。通过跨学科合作、国际合作和不断完善的法律政策,可以为解决这些伦理问题提供有效的途径,同时促进科学研究的健康发展。

**(二)遗传信息的使用与歧义**

遗传信息的使用在现代生命科学和医疗实践中是一个具有深远意义的议题,它带来了许多道德困境和潜在的滥用风险。同时,确保遗传信息被公正地使用,需要精心设计的制度和政策。

**1. 遗传基础决策的道德困境** 使用遗传信息进行决策时,可能会面临诸多道德困境。例如,在就业、保险等方面基于遗传信息作出的决策可能导致歧视和不公平,特别是当这些决策影响个人的生活机会时。另外,遗传预测的不确定性也给基于这些信息的决策带来了复杂性,因为不是所有遗传倾向都会实现。

**2. 遗传工程的潜在滥用** 随着遗传工程技术的发展,其技术的广泛应用潜在的滥用成为广泛关注的问题。遗传工程有可能被用于创造"定制"婴儿,或者在没有充分考虑伦理后果的情况下改变人类的遗传特性。这些行为不仅引发了关于人类自然进化过程的干预的伦理争议,还可能导致社会不平等和生物多样性的减少。

**3. 公正地使用遗传信息的制度设计** 为了确保遗传信息的公正使用,需要设计和实施一系列的制度和政策。这包括制定严格的隐私保护措施,防止遗传信息的未授权使用和滥用;建立明确的指导原则和规范,以指导遗传信息在医疗、研究和其他领域中的应用;推动公平性和透明度,在利用遗传信息时充分考虑道德和社会影响。

通过这些措施,可以在促进科学研究和医疗进步的同时保护个人隐私,并确保遗传信息的使用符合公众利益和伦理标准。面对遗传信息使用带来的挑战,社会需要不断地对相关政策和法律框架进行审视和调整,以应对不断变化的科技和伦理环境。

**(三)智能系统的不确定性与责任划分**

随着人工智能(AI)和机器学习技术在生命信息系统中的应用越来越广泛,智能系统的不确定性及其带来的责任划分问题变得尤为重要。这些问题关系到如何确保智能系统的决策是可靠的,以及当这些系统出现错误时,如何确定责任归属。

**1. 对 AI 决策的监督与控制**  为了应对 AI 决策的不确定性,需要建立有效的监督和控制机制。这包括确保 AI 系统的决策过程是透明的,可以被人类理解和评估。此外,还需要设立适当的监管框架,确保 AI 系统的使用符合伦理标准和法律要求。这些控制措施可以帮助降低错误决策的风险,并保护用户和公众的利益。

**2. 智能系统错误的责任归属问题**  当 AI 系统出现错误或造成损害时,确定责任归属是一个复杂的问题。这不仅涉及技术层面的分析,还需要考虑法律和伦理的因素。例如,责任可能归属于 AI 系统的开发者、使用者,或是因为监管不足的相关机构。解决这个问题需要跨学科的合作,包括技术、法律和伦理学领域的专家。

**3. 制定智能生命信息系统的行为准则**  为了指导智能系统的开发和应用,制定一套行为准则是非常有用的。这套准则应当包括伦理原则、设计和开发标准,以及用户和公众的权益保护措施。通过明确的行为准则,可以促进智能系统的责任使用,并增加公众对这些技术的信任。

总的来说,随着 AI 和机器学习技术的快速发展,智能系统的不确定性和责任划分问题将继续是生命信息系统领域中的关键挑战。通过跨学科的合作、严格的监管和明确的行为准则,可以有效应对这些挑战,确保智能系统的安全、可靠和伦理使用。

## 三、社会影响与政策建议

生命信息科技的快速发展对社会带来了深远的影响。这些影响不仅体现在医疗保健和科学研究领域,也深刻影响了公众生活和社会结构。因此,如何提高生命信息科技的社会接受度,推动科技创新与社会变革相协调,成为重要议题。

### (一)生命信息科技的社会接受度

**1. 创新技术与社会变革** 生命信息科技的创新不仅推动了科学研究和医疗实践的发展,也提出了社会、伦理和法律上的新挑战。技术创新引发的社会变革要求政策制定者、科学家和公众之间进行充分的沟通和协调,以确保技术发展与社会价值观和需求相符合。这需要构建一个开放的讨论平台,让各方能够就技术发展的方向和影响进行讨论。

**2. 公众教育与科技普及** 提高公众对生命信息科技的认识和理解是促进其社会接受度的关键。通过公众教育和科技普及活动,可以增加社会对这些技术潜力和风险的认识,减少误解和恐惧。教育和普及应覆盖不同年龄和社会群体,利用多种媒介和平台,如学校、社区活动、媒体和在线资源,来传播知识和信息。

**3. 提升社会对生物信息技术的认知** 为了进一步提升社会对生物信息技术的认知,政策建议应包括加强跨学科研究和教育,促进科学家与公众之间的直接交流,以及鼓励媒体负责任地报道科技进展和挑战。此外,通过政策和立法措施,确保技术发展与应用过程中的伦理和社会责任,也是提升公众信任和接受度的重要途径。

总之,生命信息科技的社会影响是一个多方面、多层次的问题。通过综合政策建议和行动计划,可以促进技术创新与社会需求的和谐发展,确保技术进步为社会带来最大的利益,同时最小化潜在的风险和不利影响。

**(二)生命信息系统在法规中的地位**

随着生命信息科技的迅速发展,其在法规体系中的地位越来越受到重视。生命信息系统的进化不仅推动了科学研究和医疗实践的创新,也引发了关于生物伦理与法律的新讨论。本章节旨在探讨生物伦理与法律的发展趋势、法律对新技术的适应与演化,以及生命科技企业的规范与法律责任,从而为生命信息系统的合理法律地位提供深入分析。

**1. 生物伦理与法律的发展趋势** 生物伦理学是研究生命科学中伦理问题的学科,其与法律的关系日益紧密。随着遗传编辑、人工智能在医疗健康领域的应用,生物伦理面临的挑战更加复杂,如何在促进科学发展与保护个体权益之间找到平衡点,成为关键问题。当前,全球范围内正逐步建立起一套与生命信息科技发展相适应的生物伦理原则和法律规范。这包括对遗传信息的使用、人工智能在医疗决策中的角色以及数据隐私保护等方面的规定。

**2. 法律对新技术的适应与演化** 法律体系对于新兴技术的适应与演化是确保技术健康发展和社会稳定的关键。面对生命信息科技的快速进步,法律法规需要不断更新以应对新出现的挑战。例如,随着个人基因组测序技术的普及,如何处理和保护遗传信息成为法律必须解决的问题。此外,人工智能在医疗诊断和治疗中的应用,也需要明确责任归属和监管机制。这要求立法者、法律专家、科技人员以及社会各界共同参与,形成一个多方协作、动态更新的法律体系。

**3. 生命科技企业的规范与法律责任** 生命科技企业作为生命信息系统进化的重要推动者,其行为受到了严格的法律约束和伦理审视。企业在开发和应用生命信息技术时,不仅要遵守数据保护、隐私权保护等法律法规,还需负责确保其技术的伦理性和社会责任。此外,企业还需面对产品可能带来的健康风险、伦理争议等问题的法律责任。因此,构建一个公正、透明、负责任的生命科技企业运营模式,是当前和未来法律法规制定的重要方向。

**（三）国家与全球层面的政策构想**

探讨国家与全球层面上的政策构想对于引导生命信息科技的健康发展和促进全球合作至关重要。本节将深入讨论国家层面的科技发展战略、全球卫生与生物信息的共享原则,以及国际合作与全球治理的新框架。

**1. 国家层面的科技发展战略** 国家层面的科技发展战略致力于推动科学研究、技术创新和经济发展,同时解决社会挑战。对于生命信息科技而言,这包括投资基础研究、促进跨学科合作、支持科技企业发展以及建立健全的伦理和法律框架。国家战略还需重视培养科技人才,加强公众科学素养和伦理意识的提升,确保科技进步得到社会的广泛支持和参与。

**2. 全球卫生与生物信息的共享原则** 在全球化的今天,全球卫生问题和生物信息的共享对于应对跨国疫情、促进医疗健康创新具有重要意义。共享原则包括尊重数据来源国的权益、保护个人隐私、确保数据使用的公正性和透明性。通过建立国际共享平台和标准,可以加速科学研究和技术开发,同时确保各国都能公平地从生命信息科技的进步中受益。

**3. 国际合作与全球治理的新框架** 面对全球性的挑战,如气候变化、传染病防控以及生物伦理问题,需要国际社会的紧密合作。构建新的全球治理框架,意味着在保障国家主权的同时,推动多边机制的发展,加强国际组织的协调作用。此外,全球治理新框架还应促进技术知识和创新成果的国际交流与合作,共同应对全球性科技伦理和法律挑战。

**(四)对可持续发展目标的贡献**

生命信息系统与全球可持续发展目标紧密相连。它不仅代表了科技进步的最新成果,也可以有效推动社会和环境的可持续发展。我们将从生命信息系统与环境保护,生命信息系统支持的社会福祉,以及生命信息系统的未来发展蓝图三个方面,详细讨论生命信息系统对实现可持续发展目标的贡献。

**1.生命信息系统与环境保护** 生命信息系统可以对环境保护作出重要贡献。它可以通过收集和分析各种生态数据,提供对环境变化和生物多样性的深入理解,并为具体的环境保护措施提供依据。例如,生命信息系统可用于跟踪和预测气候变化对生态系统的影响,审查和评估环境政策的效果,以及识别并保护濒危物种。因此,生命信息系统的发展既可以推进科学研究,也可以为环境保护提供强有力的工具。

**2.生命信息系统支持的社会福祉** 生命信息系统也可以对提高社会福祉作出显著贡献。例如,在医疗领域,生命信息系统可以通过提供个性化的诊疗方案,有效改善公众健康;在教育领域,信息系统的应用和普及可以加强公众对生命科学的理解,提高科学素养。此外,生命信息系统的发展还可以推动经济增长,创造就业机会,从而提高社会总体福祉。

**3.生命信息系统的未来发展蓝图** 展望未来,生命信息系统应积极参与到全球可持续发展目标的实现过程中,深化与其他领域的交叉融合,开发出更多具有社会价值的应用。为此,我们需要从全球视野出发,构建一个开放、合作、公正、透明的国际研究机制,并进一步强化伦理规范和法规约束,确保技术的发展和利用真正惠及人类。

# 第五节 生命信息系统进化对经济、法律的影响

## 一、生命信息系统进化对经济的影响

生命信息系统的进化不仅是生物学与科技发展的里程碑,也在根本上改变了全球经济格局。在对经济的具体影响中,生命信息被看作是当今时代的一种新型资产和重要的经济增长点。

### (一)生命信息的经济学解读

生命信息包括遗传信息、生物标志物、医疗健康记录等,这类信息涉及生物实体和人类社会的方方面面,它以数据的形式存在,为生物科技公司、医疗机构、研究院所等提供了前所未有的商业价值和发展潜力。

**1. 生命信息作为经济资源的理论阐释** 作为一种经济资源,生命信息具备了稀缺性、有用性、可转让性等特点。在现代经济体系中,生命信息逐渐成为一项关键资源,其管理和使用方式直接影响着市场效率和公平。

(1)生命信息资源的特性分析:生命信息资源的主要特性包括其唯一性、动态性、相关性和复杂性。唯一性指的是每个生物个体的遗传信息都是独一无二的;动态性体现在生物标志物信息会随时间发生变化;相关性强调不同生命信息之间可能存在交互作用;复杂性则说明生命信息通常结构复杂,解读和应用需要高度专业的知识和技术。

(2)经济价值生成机制研究:生命信息所产生的经济价值来自其在各领域的应用,包括诊疗决策、药物开发、精准治疗、个性化营养以及疾病预防等。生命信息的收集、分析、存储和共享等环节皆有助于提升医疗卫生服务的质量、效率和可及

213

性,同时促进了生物技术和相关行业的商业创新与经济发展。通过利用大数据分析和人工智能等技术,生命信息经济学正在展开广阔的应用领域与市场可能性。

**2. 生命信息系统进化触发的经济活动演变**　随着生命信息系统的进化,整个经济活动的体系都发生了翻天覆地的变化。这些变化不仅涉及经济组织形式、产业布局以及企业经营策略,而且还对全球贸易模式、国际分工和经济增长方式产生了深远影响。

(1)行业结构变革及案例分析:在医疗保健领域,许多基因检测公司会通过生命信息系统来提供个性化的遗传健康报告,帮助消费者更好地了解自身健康状况与病症风险,如23andMe、AncestryDNA 等。同样,在农业领域,通过编辑植物的遗传信息以培育更适合特定环境的作物已成为现实。例如Monsanto 等农业科技公司开发的耐旱转基因作物就是一个突出案例。这些变化导致了生命科学领域能够快速集资并进行规模化的生产,从而重塑了行业结构。

此外,新型数据分析公司和生物信息处理初创公司的崛起反映了信息经济的繁荣。比如,Illumina 提供先进的基因测序平台支撑了个性化医疗和精准农业的发展。在环境保护方面,生态 DNA(eDNA)技术使得通过样本(如水样)中的遗传物质来监测生物种群的存在成为可能,启动了生态保护和生物多样性研究的新篇章。

(2)新商业模式的诞生与扩散效应:生命信息系统的演进催生了一系列新的商业模式,其中包括按需定制的健康管理计划、订阅式基因解读服务以及基于人工智能和机器学习的生物数据分析平台等。例如,定制健康管理计划允许消费者根据其基因型获取量身设计的饮食和健康建议。这种服务不仅改变了个人维持健康的方式,也正在重新定义健康保健和医疗服务市场。

随着个人生命信息越来越被视为有价值的资产,生物银行和数据交易平台也随之出现。这些平台允许用户存储、管理和有选择地与研究或商业机构共享自己的生命信息,以换取相关产品、服务或经济收益。

**(二)生物技术与新兴产业的融合效应**

随着生物技术的飞速发展,其与其他产业的深度融合已经成为推动经济变革和产业升级的关键力量。通过生物技术手段,可以实现传统产业的技术迭代和创新驱动,释放新的增长动能。具体来说,生物技术在医疗健康、农业、环境保护甚至能源等行业都展示了巨大的潜力和实际的应用价值。

**1. 生物技术创新与产业升级**

(1)技术驱动型产业革命:生物技术正引领一场技术驱动型产业革命。在这场革命中,基因编辑、合成生物学、基因组学以及蛋白质工程等技术的突破催生了许多前所未有的商业应用,从而推动了行业进步和社会变革。例如,合成生物学使我们能够设计并合成新的生物体系,它不仅被用来生产药物、生物燃料,也正在改变化学品和材料制造业。这些技术的进展不但推动了传统行业的升级,而且孕育出全新的业态和商业模式。

(2)生物制造的产业升级:生物制造是指利用生物系统作为"工厂",生产药物、化学品或其他有价值的生物产品的过程。在这个领域,持续的技术创新正逐步将传统化石燃料驱动的制造业转变为更加可持续和环境友好的生物经济发展路径。

在医药产业,生物制造已经开始生产复杂的生物药物,如抗体药物,这些产品往往比常规化学合成药物更为有效且副作用更小。另外,在化工产业,通过微生物发酵可以生产生物基的化学品,如塑料、纤维等。这种基于生物的制造方式可以减少对环境的伤害,并通过使用可再生资源,提高整个产业链的可持续性。

此外,3D生物打印在组织工程领域的应用为器官移植和再生医学开辟了全新的可能性,这不仅提高了患者的生活质量,同时也带动了相关医疗设备和服务市场的发展。在执行这一台阶跃升时,必须考虑相应的监管、人才培养和基础设施建设,以确保安全、高效和持续地发展。政府、行业协会和教育机构需要共同努力,制定标准和政策,支撑技术研发,提供资金支持,以及吸引和培养人才。

由生物技术推动的产业融合和升级路径具有多层面、跨行业的特点。这一方面依赖于生物技术领域内部持续创新的动力,另一方面则与全球化背景下各利益相关者的合作密不可分。从技术驱动型产业革命到实际的产业升级,生物制造所揭示的可持续发展模式正在重塑全球经济的未来轮廓。随着合规框架的建立和技术的成熟,生物技术将进一步推动经济向创新和生态友好的方向演进。

**2. 新兴产业链扩展及其经济效应** 新兴生物技术产业以其创新能力和解决复杂问题的潜力正在迅速扩展,影响着经济结构和增长轨迹。这是一个多学科交叉融合、以高科技为驱动的领域,不仅推动了传统行业的升级,也催生了一系列全新的产业和服务。

(1)新兴生物技术产业链组织形态:新兴生物技术产业链的组织形态常呈现出高度的专业化和模块化特征,参与者包括研究机构、生物科技初创公司、制药企业、农业技术公司、数据分析企业及政府与监管机构等。

这些组织在产业链中分工明确,共同完成从基础研究、产品开发、生产制造到市场销售的全流程。开放式创新(open

innovation)模式下,产业链的不同参与者通过合作共享信息和资源,加速技术转移和产品上市的过程。

同时,生物技术产业链具有很强的国际性,因为技术、资本、人才和市场往往分布在不同国家和地区。因此,全球化策略和国际合作是这一产业链组织形态的重要特征之一。

(2)经济效益分析与增长动力:新兴生物技术产业链的经济效应表现在多个层面。

1)创新带动的效率提升:生物技术可以提高农作物产量、制药过程的效率以及医疗服务的效果,从而减少资源浪费和成本。此外,个性化医疗、精准治疗和健康管理等领域的快速发展正在创造巨大市场需求。同时,生物技术通常能够产出高科技含量的产品,这些产品往往具有更高的附加值和利润空间,促进了整体产业的利润增加。另外,研发、生产和市场推广等多环节的活动创造了大量的就业机会,而且职业类型多样,从基础研究到商业化都需要不同技能的专业人才。通过改进医疗和健康标准,生物技术也提高了社会整体福祉和生活质量。

2)增长动力:持续的研发投入和资本支持,这是生物技术产业持续创新和发展的前提;鼓励创新和合作的政策环境,例如专利保护、税制优惠等;强大的人才培养系统,包括中小学、大学和职业培训等教育机构。

随着新兴生物技术产业继续发展,其正逐步塑造世界经济的新格局,创造新的增长点和就业机会,同时也给环境保护和可持续发展带来积极影响。不过,在乐观预期的同时,也需警惕技术发展可能带来的生态、伦理和社会风险,及时制定相应的管理规范来引导健康的行业发展。

**(三)宏观经济格局的调整**

在全球化的今天,技术进步尤其是生物技术领域的创新,正在对宏观经济格局产生深远影响。这些变化不仅改变了商品和服务的生产与消费方式,还重新定义了国家间的经济关系。

## 1. 全球经济结构的重新塑造

(1)生物经济的兴起与全球影响力变迁:生物经济(bioeconomy)指的是以可再生生物资源为基础,通过科学和技术来提高资源效率和生产力的经济体系。随着生物技术的快速发展,尤其是在基因编辑、合成生物学和生物制造等领域,生物经济的概念正日益嵌入全球经济的各个角落。

生物经济的兴起带给全球影响力的变迁包括:

1)材料与能源产业的变革:从化石燃料到再生物质能源的转变降低了对传统能源的依赖,并推动了新能源材料的开发。

2)农业模式的更新:生物技术使得农业更加精准和高效,如转基因作物的种植已经在全球范围内被广泛接受。

3)医药健康领域的改良:个性化医疗和精准治疗提升了健康产业的水平,同时增加了发展中国家融入全球医药供应链的机会。

4)环境保护与可持续发展的提升:生物技术的应用有利于环境监测与保护,助力实现联合国可持续发展目标。

(2)国际资本流和人才动向预测:在国际资本流向预测上,随着生物经济的发展,可以预计将会吸引大量的国际资本流向相关的生物技术公司和研究项目。新兴市场及发展中国家在生物科技领域的迅速增长将成为投资的热点地区。同时,对可持续和环保相关产业的投资也将增加,推动相关行业的快速发展。在人才动向预测方面,在生物技术等科技领域,高端人才将向拥有强大科研实力的国家和地区聚集,如美国、欧洲、中国等。而全球化教育和科研合作项目的增加,会促进国际人才流动。此外,由于生物技术跨学科性质强,相应的学术和职业培训项目需求将增长,诸如生物信息学、基因工程、生物制药等领域的专业人才将尤其受到重视。

总之,全球经济格局正在经历由生物技术驱动的重大调整。随着生物经济的发展和深度融入全球经济,预计在未来几十年内将见证资源分配、产业竞争力、国家影响力乃至全球治理结构的显著变化。这些变化的核心是技术创新和知识产权保护,以及对人才和资本的吸引力的共同作用。

**2. 国际贸易模式的调整与优化**　在全球经济一体化的背景下,国际贸易模式正不断发生调整。技术变革尤其是信息技术和生物技术的快速发展,为国际贸易带来了新机遇也提出了新挑战。

(1)新型贸易壁垒与国际规则重新协商:随着全球化的深入,出现了新型贸易壁垒,包括但不限于技术标准、产业政策、环境和健康安全标准等。这些贸易壁垒往往与传统的关税壁垒不同,它们可能以保护消费者健康、环境安全等名义出现,但实际上可能导致贸易保护主义。

因此,国家和地区之间需要重新协商国际规则,通过多边或双边贸易协定解决这些问题。这包括对生物技术产品的安全评估标准、知识产权保护、数据流通以及投资政策等领域的国际规则制定。

(2)知识产权制度下的国际竞争策略:知识产权(IP)在生物技术和其他科技密集型领域具有极其重要的作用。有效的知识产权制度不仅能够保护创新成果,还能鼓励研发投资和促进技术交流与合作。

在这样的背景下,各国的国际竞争策略涉及以下几个方面:①强化自身的知识产权法律体系,确保居民和非居民的知识产权获得均等和有效的保护。②采取主动的国际协议谈判策略,参与国际组织的活动,以推动国际贸易规则的形成,使之更好地反映自己的利益。③促进国内创新和技术转移,建立健全的知识产权市场和技术转移机制,鼓励国内企业利用知识产权在国际上竞争和合作。④增强对外商投资的吸引力,包括建立稳定透明的政策环境和提供各种激励措施。⑤关注发展中和最不发达国家的知识产权问题,助力其建立和改善本国的知识产权体制,同时促进国际科技合作和技术援助。

总而言之,寻求在全球范围内有效保护和运用知识产权,优化贸易规则和促进自由化、便利化,成为国家贸易竞争策略中必不可少的部分。未来的国际贸易模式调整和发展趋势,将在很大程度上取决于如何处理好知识产权保护、技术壁垒、标准设置等方面的复杂关系。

## 二、生命信息系统进化对法律的影响

随着生命信息技术,尤其是基因科技的发展,法律体系不断地受到新的冲击和挑战。基因编辑、生殖工程、生物医药等领域的进步推动了法律和伦理边界的不断重新界定。

### (一)法律体系响应生命信息时代的挑战

生命信息技术的飞速发展,对现行法律体系提出了更新快速、灵活适应技术进展的要求。各国和国际组织正在不断修订现有法律、制定新规,试图解决生命信息时代的伦理、隐私及利益分配问题。

1. **基因科技与法律伦理之间的交锋**  基因科技的进展带来了前所未有的医疗可能性,同时也导致了许多伦理争议,特别是关于基因编辑这一敏感领域,科技发展与传统伦理的碰撞越来越激烈。

(1)基因编辑技术的道德困境与法律回应:基因编辑技

术,如 CRISPR-Cas9,其简易性和高效性让疾病基因的编辑变得可行,但同时也引发了伦理上的担忧,例如潜在的"设计婴儿"问题、基因歧视及其对于自然演化过程的干预等。多国已经开始制定或修订相关法律以回应这些挑战,包括严格限制或禁止使用基因编辑技术进行生殖细胞系的修改,而允许在某些条件下对体细胞进行治疗性编辑。同时,也在着手建立相关的伦理委员会和审核程序,确保研究和应用的安全性和道德性。

(2)生殖工程与遗传隐私保护立法动态:随着生殖工程技术的发展,如体外受精(IVF)、基因筛选(PGD)等,问题也随之而来。如何保护个体的遗传隐私,防止遗传信息被滥用,成为立法者面临的重要问题。针对这一问题,各国开始通过立法加强对遗传信息的保护,制定特定的遗传隐私法律,明确规定遗传信息的获取、使用、存储和分享的法律框架,并设立监管机构监督遗传信息的处理。在此过程中,保障个人自由与隐私权利,防止基因歧视也是制定和执行这些法律所必须考虑的重要因素。

总体来看,生命信息系统的进化对法律体系的影响是多方面的,不仅包括对现有法规的挑战和衍生的新法规需求,还涉及伦理决策的法律化以及国际法律合作的必要性。解决这些问题,需要法律、伦理学、科技和社会等多方面的参与和协调。

**2. 知识产权在生物技术领域的适用性问题**　知识产权制度在激励生物技术创新方面发挥着重要作用,但在应用于生物技术特别是涉及生命科学的问题时,也面临着特殊的挑战和争议。

(1)生命专利权的界定和争议:生命专利权可以指涉及生物材料、基因序列、生物技术方法以及与生物有关的药物或治疗手段的专利申请与授予。这些专利在促进研究与开发等方面起着积极作用,却也引发了广泛的法律与伦理问题。

1)对自然产物的专利权:一方面,如果将自然存在的生物序列或其提取物视为可专利对象,可能会妨碍其他研究者进行相关研究;另一方面,未经人工改动的自然物质按传统专利法原则通常不被授予专利。

2)生物技术发明的"发明性"和"非显而易见性"标准:一些生物技术发明可能仅是现有自然物的轻微修改或应用新技术获得预料之中的结果,并不满足专利要求的发明性和非显而易见性的标准。

3)人类与其他生物体的专利问题:涉及人类遗传资源的专利更是引起了道德和公共利益的顾虑,例如,人类基因序列和干细胞的可专利性。

4)法律回应:包括各国立法机构和司法机关对生命专利权的范围进行界定,尝试在促进科技发展和保护公共利益、道德伦理之间取得平衡。

(2)生物数据库知识产权管理的实践随着生物技术的发展,大规模的生物数据(如基因测序数据)正变得日益重要。这引出了关于生物数据库知识产权管理的问题:

1)数据库保护:许多国家和地区开始实施数据库保护,给予数据库制作者一定年限内对其所创建数据库的复制和分发的排他权。

2)访问和使用:研究者和企业间对生物数据库的访问和使用策略,包括数据共享协议的设置,对知识产权的影响,以及数据共享对促进创新的作用。

3)材料转移协议(MTAs):MTAs是研究机构间用来控制生物样本和相关数据访问及使用的合同文本,包含知识产权和保密等条款。

4）生物数据库的知识产权管理实践：旨在保护数据贡献者的劳动成果，同时确保数据的透明和开放以营造良好的生物技术创新环境。平衡好私有权利与公共利益，是目前该领域的法律实践所在努力达成的主要目标。

**（二）生命信息的法律规制模式探讨**

在生物技术飞速发展的今天，生命信息的管理和使用变得越来越重要。这不仅触及科学和技术领域，还广泛涉及法律、伦理和社会领域。因此，对生物数据和生命信息建立一个合理、有效的法律规制模式是目前亟须解决的问题。

**1. 生物数据所有权与存取权的法律框架** 在法律层面上，生物数据的所有权与存取权是确保信息安全、促进科研进步、保护个人隐私和遗传信息不被滥用的关键。

（1）数据所属权问题的多元争议解析

1）个人所有权：个人是否权利拥有并控制其生物数据（如基因信息）？

2）研究机构权利：收集、整理和分析生物样本的研究机构是否应该对这些数据拥有某种形式的所有权或使用权？

3）商业权利：参与资助研究和开发的企业在数据所有权上扮演怎样的角色？

围绕这些问题，不同国家或地区可能会采取不同的法律框架，比如通过对医疗数据保护的相关法律条款，确保研究者和医疗卫生服务提供者在获取和处理个人生物数据时必须严格遵守隐私保护规定。

（2）发展中国家生物数据存取权的国际法律挑战

1）生物多样性与知识产权：生物数据和相关遗传资源的存取权问题特别影响到生物多样性丰富的发展中国家，他们可能需要在国际法律框架内争取为其遗传资源和相关数据拥有更多的话语权和利益。

2)《<生物多样性公约>关于获取遗传资源和公正和公平分享其利用所产生惠益的名古屋议定书》该公约是《生物多样性公约》下的一个国际协议,旨在公平合理地分享因使用遗传资源而获得的利益,并确保遗传资源的合法获取和利用。

3)数字序列信息(DSI):随着生物技术的发展,DSI 的存取权问题日益凸显,尤其是在数字化信息可以代替实体样本的情况下如何实施惠益分享。

为了应对这些挑战,可能需要通过国际合作和对现行国际协议的修订来建立更加公正的全球生物数据存取权和惠益分享机制。发展中国家在这个过程中,既要保护自己的利益,也需要参与到全球治理的进程中,共同面对生物数据管理所带来的挑战。

**2. 生命信息科技创新与公共政策调适** 随着生命信息科技的迅速发展,传统的公共政策面临需要不断调适以适应新技术对社会各方面的冲击。特别是在生物医药、公共卫生安全和生物伦理等方面,政策的灵活性和前瞻性显得尤为关键。

(1)创新推动下的生物医药监管更新:生物医药行业的创新速度要求监管机构在保障公共健康和安全的同时,也能兼容并促进技术的发展。现代生物医药监管更新通常包括以下几点:

1)加速审批流程:例如通过设置快速通道、优先审评等方式,为某些新药和治疗提供快速上市途径。

2)适应性监管方法:根据产品的特性和市场的需要,实施更为灵活的监管策略,如自定义的试验设计和审批标准。

3)数据驱动的决策:利用大数据和人工智能等技术辅助审批和监管过程,提高效率和准确性。

4)促进国际合作:鉴于生物医药的全球性质,各国监管机构之间的合作也变得越来越重要,如共享审批信息、协调监管标准等。

（2）公共卫生安全与生物伦理的政策折中：在确保公共卫生安全的过程中，政策制定者也需考虑到生物伦理的原则。以下是一些常见的政策折中：

1）疾病防控与个人隐私权：如何在传染病大流行时收集和使用个人健康信息，同时保护个人隐私。

2）疫苗接种与个人自由：在推动广泛接种疫苗的同时保护民众的自主选择权利。

3）生物技术使用与道德边界：在遗传编辑、基因治疗等领域，科技进步与伦理价值的界限往往模糊，需要精细的法律和政策设计。

在这些折中里，政策制定者需要在利益相关者之间进行平衡，制定能够适应技术变革、维护公众利益和反映社会伦理价值的政策。

综上所述，在生命信息科技快速发展的时代背景下，监管模式和政策制定需要不断进行更新和调整，保障公众健康和个人权利的同时，不阻碍技术进步和创新发展。

# 第六节　生命信息系统进化对社会的影响

随着生命信息系统，特别是合成生物学和生物信息分析技术的发展，社会结构和组织正在经历显著的变迁。这些变化不仅影响到个体的就业和劳动方式，也对整个劳动力市场的结构产生深远影响。

## 一、社会结构与组织变迁

技术革新，尤其是信息技术的飞速发展，正在重塑社会结构和组织方式。这不仅在职业生涯发展、教育需求以及劳动市场对技能的要求上体现出来,也表现在新技术如何塑造组织行为和结构上。

**(一)信息技术驱动的职业变革**

信息技术特别是合成生物学和生物信息技术的应用,对就业模式的影响涵盖从职业选择到工作性质的各个方面。这些影响包括新职业机会的创造,旧有职业的转变甚至是消亡,以及对劳动者技能要求的重新定义。

**1. 合成生物学与就业模式的转变**　合成生物学是一个交叉学科,涉及生物学、工程学、计算机科学等多个领域。随着合成生物学的发展,它正在催生出新的职业机会和行业。这也对劳动者提出了新的要求,包括跨学科学习和创新能力。

就业模式的转变也体现在以下 3 个方面:

(1)需求增加的领域:对于科学家、工程师和技术人员的需求不断增长,尤其是在生物技术、药品开发和环境保护等领域。

(2)新的工作性质:合成生物学带来的自动化和优化过程可能减少对某些传统职业的需求,同时创造新的角色,例如生物设计师、生物系统工程师等。

(3)远程工作和协作趋势:新技术还可能促进远程工作和全球范围内的协作,重塑职场文化和团队组织结构。

**2. 生物信息分析对劳动力市场的影响**　生物信息分析将传统的生物学数据与计算技术结合起来,对劳动力市场产生了以下几个方面的影响:

(1)技能转变:生物信息学逐渐成为生物学和医药研究中不可或缺的一部分,要求从事相关工作的劳动者具备数据处理、统计分析和编程等技能。

(2)职业需求分化:高技能劳动力的需求增加,尤其是在生物信息学、计算生物学、统计遗传学等领域,而对于一些基础劳动力的需求则可能下降。

（3）教育和培训：教育体系不断更新课程内容，以适应市场对生物信息分析技能的需求。同时，终身学习和再教育成为个体职业发展的重要部分。

总的来说，生命信息系统的进化促使社会结构和组织发生了显著的变迁，特别是在职业变革方面。这些变革不仅带来了新的就业机会和挑战，也对劳动力市场、教育体系和职业培训提出了高度的适应性要求。

**（二）教育与培训系统响应**

随着生命信息技术的发展带来的职业变革，教育与培训系统也面临着急需调整与更新以适应这些变化。这包括基础教育、高等教育以及继续教育和专业技能培训。

**1. 生命科学教育的创新和挑战**　生命科学教育的目标是为学生提供理解和应用生物科学、合成生物学、生物信息学等领域知识与技能的能力。教育系统响应的方式包括：

（1）课程内容更新：整合最新的科学研究成果、实验技术和技术应用案例，以反映生命科学领域的最新进展。

（2）教学方法创新：采用项目学习（PBL）、翻转课堂、在线学习等现代教学方法，增强学生的批判性思维能力和实践操作能力。

（3）跨学科整合：鉴于生命信息技术的交叉学科特点，教育体系越来越强调跨学科课程的设置，例如将计算机科学、数据分析和生物学等领域结合起来的课程。

（4）实验室与行业实践：鼓励与行业合作，使学生有机会接触到真实的实验室环境和实际问题解决过程，增强其就业竞争力。

（5）伦理和社会责任：随着生命信息技术对社会的深远影响，教育机构需要在课程中加强科学伦理与社会责任教育，帮助学生理解技术应用的社会效应。

**2. 继续教育及专业技能再培训需求**　随着职业模式的不断演变,现有劳动力也面临着重新学习新技能和知识以适应变化的需求。因此,继续教育和专业技能再培训的重要性日益增加,发展出多种培训形式。

(1)在线课程和远程学习:利用在线教育平台提供灵活的学习方式,帮助在职人员和不能参与传统课堂学习的人士获得新技能。

(2)短期培训和认证课程:设置短期培训项目或认证课程来快速提升专业技能,特别是针对特定工具或技术的操作和应用能力。

(3)多方协同合作:政府、教育机构与行业之间的合作,共同开发并支持符合市场需求的培训项目,确保劳动力技能与就业机会的匹配。

(4)生涯规划支持:除了技能培训,提供职业规划和转型咨询服务也很重要,以帮助个人作出有见识的决策并适应未来劳动市场的变化。

这些响应举措不仅增强了个人的就业机会和职业发展潜力,也对社会经济发展和科技创新起到推动作用。随着科技不断进步,教育和培训系统也必须持续更新,以保持其适应性和相关性。

**(三)社会组织与管理方式的演替**

随着生命信息技术的发展,社会组织结构和管理方式也经历了显著的演变。特别是在生物技术企业的运营以及非营利组织的作用方面体现出了新的趋势和挑战。

**1. 生物技术企业与管理创新**　生物技术企业的兴起带动了一系列管理创新的实践,在这一过程中,以下几点成为了管理创新的核心内容:

（1）灵活性和适应性：由于生物技术领域的迅速变化，企业管理需具备高度的灵活性和适应能力，能够快速响应市场变化和技术进步。

（2）跨学科团队建设：鉴于生物技术的交叉学科特性，企业越来越重视跨学科团队的建设，促进不同背景的专家之间的协作和创新。

（3）开放式创新：生物技术企业倾向于采用开放式创新的策略，通过与学术界、研究机构和其他企业的合作，共享资源和知识，加速产品的开发与上市过程。

（4）科技伦理与社会责任：随着生物技术对人类生活的影响日益增大，企业在追求商业利益的同时，也越来越注重科技伦理和承担社会责任，例如通过透明的研发过程和确保产品安全性来赢取公众信任。

**2. 非营利组织角色的变化和生物伦理治理**　非营利组织在生物技术的发展和应用中扮演着重要的角色，特别是在生物伦理治理和社会意识提升方面。

（1）生物伦理治理：随着生物技术的发展，非营利组织积极参与到生物伦理的讨论和治理中，通过促进公共对话和政策建议，帮助社会更好地理解和应对科技发展带来的伦理问题。

（2）公众教育和意识提升：非营利组织通过教育活动、公共宣传和媒体合作等方式，提升公众对生物技术潜力和风险的认识，促进更广泛的社会讨论和参与。

（3）科研和患者支持：部分非营利组织专注于疾病研究和患者支持，通过提供资金支持、促进研究合作或提供患者教育资源，增进科研进展和患者福祉。

（4）政策倡导和监督：非营利组织还参与到政策制定的过程中，通过倡导和监督，推动制定符合伦理和社会利益的生物技术监管政策。

总的来说,随着生命信息技术的持续发展,社会组织和管理方式也在不断改进,不仅促进了生物技术领域的创新,也引发公众了对伦理、社会责任和治理模式的深思。

## 二、文化认知与价值观念更新

生命科技的发展对文化认知和价值观念产生深远影响,推动了人们对生命、健康、伦理和社会公正等方面观念的更新。媒体作为信息传播和舆论引导的重要途径,在这一过程中扮演着关键角色。

### (一)生命科技在媒体中的呈现

随着合成生物学、遗传工程、克隆技术等生命科技在医学、农业、能源等领域的应用,媒体报道越来越多地涉及这些主题。通过报道,媒体不仅传递了科学知识,也塑造了公众对这些技术的看法和态度。

**1. 媒体报道与公众认知的互动效应** 媒体报道通过以下方式影响公众认知:

(1)信息筛选与框架:媒体在报道生命科技相关内容时,会选择特定的信息和角度进行呈现,帮助公众构建对这些科技的认知框架。

(2)观念塑造与意见导向:强调某些利益、风险或道德问题,媒体可以塑造观众的情感反应和价值观,从而影响公共意见的形成。

(3)知识教育和普及:通过提供准确的科学知识和新发现,媒体可以帮助提高公众的科学素养,使公众正确理解生命科技。

**2. 科技新闻传播与公众意见形成** 科技新闻在公众意见形成中的作用包括:

（1）提升知识普及率：通过专业而易懂的报道，使科技新闻成为普及生命科学知识的重要途径。

（2）引发辩论和讨论：涉及伦理规范和社会影响较大的科技新闻，可在公众之间引发热烈的辩论和深入讨论。

（3）形成集体意识：持续不断的科技报道和讨论促进了集体意识的形成，并可能带来公共政策和立法的变化。

科技新闻传播需要负责任的态度，确保所提供的信息准确无误，并且在报道时能够平衡不同观点，以帮助公众形成基于信息和理性的认知。随着生命科技日益成为日常生活的一部分，媒体在其中起到的作用愈显重要，它既是连接科技领域与社会大众的桥梁，也是塑造文化认知和价值观念的重要力量。

**（二）价值观与生活方式的演化**

新兴生命科技对人类的生活方式和价值观念产生了深刻的影响，这些影响在自我认知的变迁和消费行为的演变中尤为明显。

**1. 自我认知与个体化生活模式** 随着基因组学和个性化医疗的发展，个体开始更加关注与自身健康相关的遗传因素，这种趋势导致了以下几方面的改变：

（1）健康自管理：人们通过基因检测及其他生物技术工具获得更多有关个人健康风险的信息，推动了向个人化健康管理和定制化医疗方案的转变。

（2）个性化生活选择：人们了解基因等生物学因素如何影响自己的生理和心理状态后，开始寻求更为个性化的生活方式，比如根据遗传特性定制饮食、制订锻炼计划和改变生活习惯等。

（3）遗传身份的探索：通过对自身遗传信息的了解，个体开始重新审视自己的身份，这可能引发对家族史、族裔背景乃至人生哲学的探索。

**2.消费行为中的科技伦理考量和选择**  在消费行为中,公众越来越关注产品或技术背后的科技伦理问题。

(1)绿色消费与可持续性:随着环保意识的提升,消费者倾向于支持那些实施可持续生产方法和使用环境友好型材料的企业,例如基因编辑农作物的种植就需要考虑其环境影响。

(2)伦理采购:越来越多的消费者开始关注商品生产过程中的伦理问题,如动物实验、合成生物材料的使用等,并以此作为购买决策的一个重要因素。

(3)数据安全与隐私:在使用个性化医疗服务(例如基因检测)时,消费者会考量他们的生物信息的隐私保护措施以及数据如何被收集、存储和使用。

总体而言,随着科技的发展,人们的生活方式变得更加以个体为中心,并在消费行为中融入伦理考量。价值观念的更新和生活方式的演化不断相互作用,并引导着社会对生命科技的接受度和应用走向。

**(三)传统文化与现代科技的融合**

随着现代科技的迅猛发展,特别是生命科技的进步,与传统文化的关系变得日益复杂。科技既有潜力冲击并改变传统文化,也有可能被用来保护和弘扬这些文化。

**1.地方文化保存与生命科技应用的冲突与和解**

(1)冲突:生命科技的应用,比如基因编辑和合成生物学,有时可能挑战传统的价值观和生活方式。例如,基因改良作物的推广可能影响地方特色传统农业的持续性和生物多样性。生命科技在药物和农业研究中大量使用传统知识,那么如何保护和合理使用这些知识成为一个问题。通过恰当的政策和合约,可以保障当地社区对其传统知识拥有权益。

(2)和解:生命科技也可以用来保护濒危物种,这些物种往往是地方文化的重要部分,科技通过克隆等手段助力这些物种的保护和复苏。

**2. 现代化进程中的文化遗产保护策略** 在势不可挡的现代化进程中,对文化遗产的保护包含以下策略:

(1)数字化记录:通过先进技术记录和保存文物、艺术和传统知识,如使用三维扫描技术来数字化遗址和文物,可以提供一个永久性的参考和研究工具,亦能为公众提供虚拟访问的可能。

(2)社区参与:保护文化遗产不仅是保存实物,更是保持活态传承。鼓励社区参与和传承相关的技能与知识可以弘扬并活化传统文化。

(3)知识产权法律:运用知识产权法律保护原创设计、艺术、手工艺和文化表述,防止未经授权的商业化利用和失真的文化表现。

通过以上方式,可以将传统文化的价值以新的形式传播和保护,同时又不妨碍现代科技的积极作用和社会发展。科技与文化的结合,需要社会各界的共同努力,以求达成最佳的平衡状态,促进全球化背景下多元文化的交流和共存。

## 三、生命道德与伦理重构

生物技术的进步对传统的生命伦理观念提出了新挑战,迫使人们重新思考和构建适应现代生命科学的道德和伦理框架。从个体权利到集体福祉,生命伦理的讨论正在变得更加复杂和多元。

### (一)从个体权利到集体福祉的伦理讨论

在当今生命科技高速发展的背景下,伦理讨论常常围绕如何平衡个体权利与集体福祉的关系展开。

**1. 遗传信息隐私和数据安全的伦理要求** 遗传信息作为

个人最敏感的数据之一,它的隐私和安全性引发了如下伦理要求:

（1）隐私保护:必须确保个人遗传信息不被未经授权的第三方获取和使用,这就要求有严格的隐私保护措施和透明度。

（2）合意使用:收集和使用个人遗传信息需要获得明确的知情同意,同时个人应该有权了解其遗传信息的使用方式和目的。

（3）数据安全:科技提供者必须采用最新的数据加密技术和安全协议,以防数据泄露和滥用。

**2. 个体健康与公共卫生的权衡** 个体健康与公共卫生间的权衡是生命伦理讨论中的核心问题之一。

（1）疫苗接种:在传染病大流行时期,强制疫苗接种政策可能与个体自主权存在冲突,但此举通常出于减少整体健康风险和保护弱势群体的目的。

（2）医疗资源分配:在资源有限的情况下如何平衡紧急需求和长期治疗的问题,涉及伦理决策中的公平性考量。

（3）健康数据共享:对于通过大数据分析进行的公共卫生研究,需要平衡数据共享带来的集体好处和个人隐私权的保护。

生命伦理重构无疑是一个复杂、持续的进程,它需要不断地在涌现的科技创新和社会变迁中寻找合理的解决办法。在此过程中,跨学科的对话、公民参与以及动态更新的立法和社会规范都是至关重要的。通过这些方式,可以确保生物技术的发展既能带给人类积极的改变,同时又能维护社会公正和促进伦理标准的践行。

**（二）生命科技创新与责任伦理**

在生命科技迅速发展的今天,创新伴随着对责任伦理的深刻思考。研究人员、企业和社会都需要承担起确保科技进步与人类价值观相匹配的责任。

**1. 技术进步中的科研诚信问题**　随着生命科技领域的不断扩展,科研诚信问题变得尤为重要。

(1)数据篡改和伪造:必须严厉打击这类不道德行为,确保科研结果的真实性和可靠性,保障科研活动的公正和可信赖。

(2)不当的作者署名和剽窃行为:应该明确规定作者署名的准则和知识产权保护措施,尊重他人的工作成果,禁止剽窃和不公平的署名行为。

(3)伦理审查:所有涉及人类和动物的研究都应通过严格的伦理审查流程,确保其符合伦理标准,不会给研究对象带来不必要的风险。

**2. 研发企业的社会责任与道德担当**　生命科技公司在创新的同时,也承担着履行社会责任和道德担当的期望,以下几个方面尤为重要:

(1)安全和有效性:企业应该确保其产品和技术不仅安全可靠,而且对于治病或者提高生活质量是有效的,同时还要注意预防任何潜在的长期风险。

(2)公平获取:努力使所有患者,尤其是经济弱势群体,都能获得其产品和服务,减少不平等。

(3)透明度和沟通:对于其产品的作用机理、可能的副作用、研发过程等信息,企业应当做到开放透明,并与消费者和公众保持良好的沟通。

(4)社会影响评估:在推出新技术之前,企业需要评估可能对社会、文化和环境带来的影响,积极参与相应的风险缓解措施。

综上所述,随着科技的快速发展,科研诚信和企业道德担当对于构成生命科技领域中责任伦理的基石至关重要。这要求各方主体不仅遵守现有法律法规,而且应在其基础上主动承担更广泛的社会责任,以促进科技的可持续发展和伦理规则的完善。

**(三)生态环保与可持续发展伦理**

在全球面临严重的生态和环境问题的今天,生态环保与可持续发展的伦理变得异常重要。人们不仅需要考虑科技发展带给人类社会的福祉,还需要确保自然环境的保护和生物多样性的维护。

**1. 生物多样性保护的伦理基础与实践挑战**　生物多样性的保护基于对所有生命形式存在价值的尊重,以及对地球未来生态稳定性和人类福祉的考虑。以下是一些伦理基础与实践挑战:

(1)伦理基础:认知到生物多样性本身的固有价值,我们有责任保障各种物种的生存和繁衍,这不仅是为了人类自身利益,更是对生命的尊重。

(2)实践挑战:在实际操作中,如何平衡经济发展与生物保护是一大挑战。如保护野生物种的栖息地可能与农业扩张、工业建设等活动产生冲突。

**2. 生物技术应用与环境伦理的调和路径**　随着生物技术的广泛应用,我们必须确保这些技术不会危害环境,而是要求其能促进可持续发展。

(1)风险评估:所有新的生物技术产品和程序都需要经过严格的环境风险评估,此举是为了避免对生态系统造成不利影响。

(2)生态系统服务与保护:重视生态系统服务的概念,在推动农业或医药领域的生物技术时,注重维持生态平衡。

(3)促进环境可持续性:利用生物技术提高能源效率,减少对化石燃料的依赖,比如开发生物燃料和生物降解材料,以减缓气候变化和其他环境问题。

在挑战与机遇并存的时代,生态环保与可持续发展的伦理意味着我们需要在科技创新与自然保护之间找到平衡。这不仅需要国家层面的法规和政策支持,也需要全社会的参与,共同构建更加公平、合理和可持续的未来。

## 四、公共政策与法规响应

随着生命科技尤其是信息技术的快速发展,制定合理的公共政策和法规框架显得愈加重要。这些政策和法规需要反映技术变革、维护伦理原则,并确保社会利益的平衡。

### (一)生命信息技术政策法规框架

生命信息技术领域,如基因编辑、生物数据分析等的政策法规框架需要考虑以下方面:①保护个人隐私和数据安全,颁布清晰的法规来保护个人遗传和生物健康信息的隐私权。②确保技术的安全性和准确性,制定标准以确保生命科技产品开发的质量控制和疗效验证。③促进知识产权保护与公平使用,权衡专利权保护和科技成果共享之间的关系,在激励创新的同时促进知识的广泛传播和应用。

在法规的制定与决策方面,如形成科技政策和法规时,参与者的多样性与决策过程的透明度十分关键。首先,参与者应多样,合理的政策和法规应当由科学家、法律专家、医学专家、政策制定者、行业代表以及公众参与制定,确保决策充分考虑到不同视角和利益。其次,决策过程应该公开透明,政策制定应提供足够的信息,使得社会大众能够参与讨论和监督。

在政策引导下的技术与伦理平衡方面,公共政策的目标应该是促进技术正向应用并确保伦理原则得到遵循。首先可以制定一系列指导原则来确保技术发展符合人类价值和社会伦理,包括尊重人类尊严、促进公平、维护自然环境等。其次,需要通过建立有效的监管体系和审查流程来确保科技应用不会有害于人类福祉和环境维护。最后,政策和法规需要找到平衡各方权益的方式,确保科技进步能够惠及更广泛的社会群体,而不仅仅是特定的利益集团。

综上所述,为了应对不断演进的生命信息技术所带来的挑战,需要不断更新和完善法规政策框架,以保护公众、促进创新和确保科技发展的合理性和可持续性。

### (二)社会安全网的调整与补强

随着生命科技的发展,社会安全网包括公共保障体系和应急响应机制,需要不断调整和加强以适应新的挑战。保障民众的健康、生活质量和社会稳定是这些调整中的核心目标。

**1. 以保障为导向的生物技术应对措施** 生物技术的发展带来了很多潜在的益处,但也可能伴随新的风险和挑战。因此,建立以保障为导向的应对措施至关重要。当尚未完全理解新生物技术可能产生的长期效果或风险时,应采取预防性措施的原则来指导政策制定。还可以调整社保体系以包含由生物技术发展带来的新需求,如精准医疗的覆盖范围、遗传咨询服务等。此外应加强边缘群体保护,确保社会安全网能够覆盖到社会的边缘群体,特别是那些可能因生物技术快速发展而被边缘化的人群。

**2. 提升公共健康体系在生命科技革新中的应急能力** 紧急事件,如全球大流行病等卫生危机,要求公共健康体系具备强大的应急能力。需要制定快速响应机制,确保公共卫生体系能够迅速识别并有效应对突发公共卫生事件。要优化医疗资源,在危机时期能够合理分配医疗资源和服务,确保公平性。另外需要强化持续监测与防范能力,加强公共健康监测系统,利用生命科技进行病原监测、预警和流行病学调查。此外,政府、医疗卫生机构、科研机构以及私营部门之间的协同合作对于提升公共健康体系的整体应急能力至关重要。

总体来说,社会安全网的调整和补强需要灵活地应对生命科技带来的影响,同时构建一个更强大、更有韧性的公共卫生体系。这需要国家层面的全面规划,社会各界的通力合作,以及对公共卫生政策和实践持续的投资和创新。通过这些措施,社会可以更好地准备应对未来可能发生的各种卫生挑战。

**(三)国际合作与全球治理的新机制**

在全球化的背景下,生物技术和相关科技的迅速发展超出了单一国家或地区的监管能力,需要通过跨国合作和全球治理机制来共同应对挑战,确保科技发展的安全性和可持续性。

**1. 生物安全与跨国监管合作**　生物安全问题不仅关乎国家层面,更是一个全球性问题。它涉及疾病防控、转基因生物的监管、生物武器的预防等领域,因此,国际合作至关重要。需要建立透明且高效的信息共享机制,方便不同国家间分享生物安全相关数据和研究成果。各国需要使用协调一致的生物安全标准和监管方案,确保跨国生物技术企业和研究遵循统一的规则。另外需要加强现有国际条约(如《生物多样性公约》)、协议的执行力度,制定新的多边协议来共同应对新出现的生物安全问题。

**2. 可持续发展议程中的生物技术角色与义务**　生物技术已经并将继续在全球可持续发展中扮演重要角色。这包括通过提高农业产量保障粮食安全、通过医疗创新改善公共卫生状况,以及通过环保技术促进生态系统保护。

通过国际合作,让发展中国家也能够获得和使用先进的生物技术,从而达到可持续发展的目标。此外,各国应当遵守国际准则和目标(如联合国可持续发展目标),在开发和应用生物技术时兼顾经济、社会、环境三个维度的可持续性。与此同时,发达国家和大型跨国生物技术企业应承担起他们的额外责任,为全球范围内的可持续发展与减少贫困提供支援。

总体来说,国际合作与全球治理机制的构建和完善需要各国共同努力。这不仅包括加强对现有合作框架的维护和执行,还需要开展更广泛的对话、制定符合共同利益的新政策,并采取协同行动以应对全球性挑战和实现共同的发展目标。

## 五、社会的整体适应能力与进化

随着全球化加速和科技飞速发展,社会的整体适应能力成为衡量其进化程度的重要标志。适应能力强的社会更容易吸收新科技带来的变化,顺利过渡到新的发展阶段。

### (一)信息通信技术消除信息不平等

信息通信技术(ICT)的快速发展有潜力减少和消除信息获取上的不平等,从而促进知识共享和教育普及。

**1. 数字鸿沟缩小对社会整合的影响** 数字鸿沟是指不同社会群体在获取和利用 ICT 方面的差异。随着互联网和移动技术的普及,这一鸿沟正在缩小,对社会整合产生较大影响。通过为边远地区和低收入家庭提供更好的网络连接和科技设施,可以使这些群体更好地融入社会和经济活动。在线教育平台和数字资源的共享为不同背景的人提供了平等学习的机会,促进教育机会均等化,提高整体教育和职业技能培训水平。信息通信技术还可以帮助提升公民参与政治决策的可能性,无论是线上投票、公民意见反馈还是更广泛的社会讨论,都让决策过程更为民主化。

**2. ICT 在普及生命科学知识中的应用** 信息通信技术在普及生命科学知识方面也发挥着关键作用。ICT 使得包含生命科学在内的教育资源可以在线获取,帮助人们更好地了解他们自身的健康情况和现代生物技术的进展。线上科普讲座、交互式应用程序和社交媒体,可以提高公众对生命科学领域的认知,促进科学素养的提升。ICT支持的远程医疗服务可以跨越空间限制,为偏远地区居民提供专业的医疗建议和健康知识,优化医疗资源配置。

总之,信息通信技术正在塑造一个更加紧密连接和平等的世界。通过提升社会对信息技术的适应能力,可以增强社会整体的进化能力,并为维护一个平等、包容的社会发展打下坚实基础。

### (二)社会包容性的提高与团结

社会的发展依赖于其成员的相互理解和协作。社会包容性的提升有助于构建一个更和谐、整合度更高的社会,从而增强团结和共同发展的潜力。

1. **多元化视角的社会包容策略**　社会包容性意味着所有成员,不管其身份、信仰、性别、种族、残障状况或任何其他特点,都能够平等参与社会生活并受到尊重。多元视角的社会包容策略涵盖法律保障、教育融合以及媒体和言论自由多方面。制定和实施反歧视法律,确保所有群体在就业、教育、医疗和公共服务等领域享有平等权利。通过跨文化理解和尊重多元化的教育课程,增加公民对其他文化和社会群体的认知和包容度。通过媒体展现社会的多样性,打破刻板印象,鼓励开放和健康的讨论,促进包容性话语的传播。

2. **促进不同背景人群间的对话与合作**　为了进一步加强社会的团结,需要促进不同背景人群之间的对话与合作。设立公共论坛和平台来鼓励不同群体的代表进行交流和对话,以促进相互理解和信任。在地方层面上组织多元文化节日、艺术展览以及社区服务项目,来增强不同社会群体间的联系。通过联合经济项目和多方合作的伙伴关系,让来自不同社会群体的人们共同工作和创造价值,加强他们之间的实际联系。

通过这些措施,可以增进社会成员之间的相互理解和尊重,减少冲突和排斥感,建设一个具有高度适应力和进化能力的包容性社会。这种社会能够更有效地利用其成员的多样化背景,推动创新和社会进步。

**(三)对未来发展的共同展望与挑战**

随着社会、科技和环境的快速变化,共同面对未来的发展展望与挑战成为关键议题。不同利益相关者需要对未来可能出现的情况达成共同理解,并为此做好准备。

**1. 面对未知前景的社会感知与预期管理**　在面对不确定性较大的未来时,社会的反应和准备是至关重要的。应该制定有效的感知和预期管理策略来应对风险。通过教育提高公众对可能面临的风险和挑战的认识,增强社会对未知情况的应对能力。此外,制定灵活的政策和计划,以便快速适应未来可能发生的变化和挑战。促进公众参与未来规划的讨论,收集不同群体对未来的期望和担忧,能够确保政策制定更加符合广泛的社会需求。

**2. 跨学科合作在探索未来中的作用**　面对复杂且相互交织的未来挑战,跨学科合作显得尤其重要。跨学科合作可以整合不同领域的知识和方法,提供更全面的理解和解决方案,面对如气候变化、人工智能发展等复杂问题时特别重要。通过结合不同学科的视角和技术,跨学科合作能够推动新思想和创新解决方案的产生,从而更好地应对未来的挑战。面对全球性挑战例如传染病暴发、环境危机等,跨学科和跨国界的合作是应对这些问题的关键,能够促进共享最佳实践、资源和技术。

总之,面对未来的不确定性,社会需要建立起灵活的感知与应对机制,同时通过跨学科合作开辟新的解决路径。这样的合作不仅可以帮助我们更好地应对即将到来的挑战,还能引导社会向更加可持续和包容的方向发展。

## 第六章

## 生命信息系统进化论的理论贡献与实践价值

## 第一节　生命信息系统进化论的理论贡献

本节内容将从多个方面描述生命信息系统进化论在现代生命科学中的理论贡献。这一理论不仅提出了一套全新的视角来理解生命现象,还建立了一系列基本假设和核心概念,为生命科学的研究提供了重要的理论支持。

### 一、理论框架与基本假设

生命信息系统进化论的理论框架基于几个关键的假设,这些假设为理解生命的本质和生命进化提供了坚实的基础。

首先,生命信息系统进化论中提出"生命可以被视为信息系统"。这一假设认为,生命的本质在于信息的存储、处理和传递。生命过程是信息流动和变化的过程,这一点在从单细胞生物到复杂的多细胞生物的进化中表现得尤为明显。

另外,该理论认为"生命进化是信息系统的进化"。进化不仅仅是生物形态和功能的变化,更重要的是生命信息系统的进化。这包括遗传信息的变化、生物内部信息处理机制的优化,以及生物与环境间信息交换方式的适应性改进。

**(一)定义与核心概念**

**1. 生命信息系统的定义**　生命信息系统是指在生物体内

部,以及生物体与其外部环境之间,信息的生成、传递、处理和存储的动态系统。这一概念强调了信息在生命活动中的中心作用,包括但不限于遗传信息的传递、细胞内信号转导、感官信息的接收和处理,以及生物体对环境变化的响应机制。

**2. 信息与生命过程的关系** 信息与生命过程的关系核心在于,所有生命活动都可以被理解为信息的流动和转换。从分子层面的遗传信息表达到生态系统中物种间的信息交流,生命信息系统理论为我们提供了一个统一的框架,用于理解这些复杂过程。

在遗传信息的存储与表达上,生命信息系统将DNA视为存储遗传信息的介质,而遗传信息的复制、表达和变异则构成了生命进化的物质基础。在细胞信号转导方面,生命信息系统还研究细胞内部如何通过复杂的信号转导网络处理和响应信息,这包括对外部环境变化的感知和内部状态的调节。在生态系统层面,生命信息系统理论探讨了不同生物之间以及生物与环境之间信息交换的机制,如捕食者与猎物之间的信号、植物与传粉者之间的信息交流等。

通过这些核心概念和定义,生命信息系统进化论为理解生命的多样性、复杂性以及进化提供了一个全面而深刻的理论框架。它不仅揭示了生命现象背后的信息处理机制,还强调了信息在生物进化和生态系统稳定中的关键作用。

生命信息系统进化论的提出,标志着生命科学领域一个重要的理论进步。它不仅促进了跨学科的研究合作,如生物学、信息科学、复杂系统理论的融合,也为未来生物技术的发展、生态保护策略的制定以及疾病治疗策略的优化提供了新的理论指导。通过深入探索生命信息系统的运作机制,我们不仅能够更好地理解生命的本质,还能够在此基础上推动生物学研究和应用的新发展。

## （二）进化论的信息视角

在生命信息系统进化论中,进化过程被理解为一个信息变异和选择的过程,其中遗传信息的变异与自然选择是核心机制。此理论框架通过信息的视角,为我们提供了一个新的维度来理解和解释生物进化的动力和机制。

**1. 遗传信息的变异与自然选择**　遗传信息的变异是生命进化的基础。在生命信息系统进化论中,遗传信息的变异不仅被看作是随机的基因突变,还包括了基因重组、水平基因转移等多种机制。这些变异增加了生物种群的遗传多样性,为自然选择提供了原材料。

自然选择则是进化过程中的筛选机制,它根据生物体的适应性决定哪些遗传变异被保留下来。在信息的视角下,自然选择可以被理解为一种信息筛选过程,即那些有助于生物体在特定环境中存活和繁衍的信息(遗传变异)被优先保留。

**2. 信息流动对适应性进化的贡献**　适应性进化是生物体对其环境变化作出响应的过程,而信息流动在这一过程中起着至关重要的作用。生物体通过感知外部环境的变化,并将这些信息传递到遗传信息处理系统中,从而触发可能的适应性响应。信息流动在适应性进化中的贡献主要表现在以下几个方面:

(1)感知和响应环境变化:生物体能够通过各种感官系统感知环境信息,如温度、湿度、光照等,并通过内部信号转导系统将这些信息转化为生物学响应。这些响应可能包括行为上的改变、生理机能的调整甚至是基因表达模式的改变。

(2)表型可塑性:表型可塑性是指生物体表型(即外观和功能)在不同环境条件下的变化能力。这种可塑性允许生物体在没有遗传变异的情况下也能对环境变化作出快速响应。信息流动在调节表型可塑性中起着核心作用,因为环境信息的接收和处理直接影响生物体的发育和生理状态。

（3）遗传信息的水平转移：在某些情况下，生物体可以通过水平基因转移从其他生物体那里直接获得遗传信息。这种信息流动不仅加速了生物体对新环境的适应，也增加了生物多样性。

综上所述，从信息视角出发，生命信息系统进化论为我们提供了一个深刻的理解框架，揭示了遗传信息的变异、自然选择以及信息流动在生物适应性进化中的关键作用。这种视角不仅增强了我们对生命进化复杂性的理解，也为生物学研究和应用领域，如遗传工程、生态保护和疾病防治策略的发展，提供了新的思路和方法。

## 二、理论与实践促进融合

### （一）基因与环境的互动

在生命信息系统进化论中，基因与环境之间的互动是理解生命适应性进化和物种多样性产生的关键。这种互动不仅影响个体的发育和表型，而且还决定了基因变异在种群中的保留和传递。基因表达的环境调控以及环境变化对基因选择的作用是这种互动中的两个核心方面。

**1. 基因表达的环境调控**　基因表达的环境调控是指环境因素如何影响基因的激活与抑制，进而影响个体的表型和功能。这种调控机制使得生物体能够以极其灵活的方式响应外部环境的变化，提高了其生存和繁衍的适应性。

（1）环境诱导的基因表达：某些基因的表达可以直接被环境因素触发，例如温度、光照强度、营养物质的可用性等。这种直接的环境诱导可以快速调整生物体的生理状态，以适应当前的环境条件。

（2）环境压力与基因表达的长期适应：在长期的环境压力

下,基因表达模式可能会发生适应性改变,这种改变可能通过表观遗传机制稳定传递给后代。这表明环境不仅影响个体的基因表达,也可能影响种群遗传结构的演化。

**2.环境变化对基因选择的作用**　环境变化对基因选择的作用体现在自然选择过程中,环境因素决定了哪些基因变异对生物体更有利,从而影响这些变异在种群中的传递和频率。

环境变化(如气候变暖、食物来源的改变)对生物体提出了新的生存挑战,这些挑战作为选择压力,决定了哪些基因变异能够提高生物体的适应性。因此,环境变化直接影响自然选择的方向和强度。在不同的环境条件下,某些基因变异可能更有利于生物体的生存和繁衍。这种"基因 - 环境匹配"机制确保了适应性较高的基因变异能够在特定环境中得到保留和积累。环境的变化和不确定性要求生物种群保持一定的遗传多样性,以便在环境条件发生变化时快速适应。因此,环境变化不仅影响单个基因的选择,也影响整个基因组的动态平衡和进化。

基因与环境的互动展现了生命信息系统进化论的一个核心主题,即生命适应性进化是一个复杂的信息处理过程,涉及遗传信息与环境信息的动态交互。这种互动不仅是生物适应环境和生存的基础,也是生物多样性和复杂生态系统维持的关键。通过深入理解基因与环境之间的互动机制,我们能够更好地预测生物对环境变化的响应,为生态保护、生物多样性保护和可持续发展提供科学依据。

**(二)信息技术在生物进化中的角色**

在生命信息系统进化论的背景下,信息技术,尤其是生物信息学的兴起,对于生物学研究和理解生物进化的方式产生了深远的影响。信息技术的应用不仅极大地加速了生物学数据的收集、处理和分析,还推动了生物学研究方法的革命,促进了理论与实践的相互促进。

**1. 生物信息学的兴起**  生物信息学是一个交叉学科领域,它利用计算机科学、数学和统计学的方法来解析生物学数据,特别是大规模的遗传数据。随着基因测序技术的发展和计算能力的提高,生物信息学已经成为现代生物学研究不可或缺的一部分。

生物信息学在基因组学和后基因组学研究中扮演了核心角色。它不仅使得全基因组测序成为可能,还支持了对大规模遗传数据的比较分析,揭示了物种间的遗传差异和进化关系。与此同时,生物信息学还支持了系统生物学的发展,这一领域旨在通过整合不同层次的生物数据(如基因组、转录组、蛋白质组等)来构建生物系统的全貌。这有助于理解复杂生物过程的调控机制,以及它们是如何在进化过程中被塑造的。

**2. 技术进步与生物学研究的相互促进**  信息技术的进步与生物学研究之间存在着密切的相互促进关系。一方面,生物学研究的需求推动了信息技术的创新和发展;另一方面,信息技术的进步又为生物学研究提供了新的工具和方法。

(1)数据驱动的生物学研究:随着生物数据的爆炸式增长,生物学研究变得越来越依赖于数据分析和计算模型。这促使生物学家和信息科学家合作开发新的算法和计算工具,以有效处理和解释这些数据。

(2)跨学科合作:信息技术在生物学中的应用促进了跨学科合作,将计算机科学、数学、统计学和生物学等领域的专家聚集在一起。这种合作不仅加速了科学发现的过程,也推动了新技术和新方法的开发。

(3)精准生物学和个性化医疗:信息技术的应用促进了精准生物学和个性化医疗的发展。通过对大量遗传和表型数据的分析,研究者能够更准确地预测疾病风险、理解疾病机制,并为每个患者设计个性化的治疗方案。

综上所述,信息技术在生物进化中的角色不仅体现在其对生物学研究方法的革新上,更重要的是,它通过促进数据的收集、分析和解释,加深了我们对生命进化复杂性的理解。生物信息学的发展为解码生命的复杂性提供了强大的工具,同时也指明了生物学研究的未来方向,即更加依赖于数据和计算模型的理解和预测。

## 三、理论在生命科学中的应用

理论在生命科学中的应用是极其广泛和深刻的,特别是在理解生命的复杂性方面。通过应用各种理论模型,科学家们能够探索和解释生命现象背后的深层原理,范围涵盖从多细胞生物的演化到,神经系统的进化和及其信息处理机制等复杂过程。

### (一)理解生命的复杂性

生命的复杂性体现在多个层面,从单个分子的互动到整个生态系统的动态平衡。理论的应用帮助我们揭示了这种复杂性的基础和生命形式多样化的原因。

**1. 多细胞生物的演化** 多细胞生物的演化是生命复杂性增加的一个显著例证。这一过程涉及单细胞生物向具有复杂组织结构和分工明确的多细胞生物的转变。

多细胞生物的演化需要细胞之间的紧密合作和分化。理论模型表明,细胞间的信号交流和遗传信息的共享是多细胞生物演化的关键。这种分化和合作使得生物能够执行更复杂的功能,提高了适应环境的能力。同时,自然选择在多细胞生物的演化中起着核心作用。通过选择那些具有更高生存和繁殖优势的变异,多细胞生命形式能够适应复杂的环境条件。理论分析揭示了多样化的生态位和环境压力如何推动细胞合作与分化的演化。

**2. 神经系统的进化与信息处理能力**　神经系统的进化是对复杂环境信息处理能力的适应。随着生物体复杂度的增加，一个高效的信息处理系统变得至关重要。

在信息处理的演化上，神经系统的发展提供了高度专业化的信息处理能力，使得生物体能够快速响应环境变化。理论研究表明，神经系统的复杂性和多样性是通过适应性进化来优化信息处理策略的结果。此外，神经系统的进化不仅提高了信息处理的效率，还促进了复杂认知能力和社会行为的发展。理论模型揭示了神经网络如何通过学习和记忆来增强生物体的适应性，以及这些能力如何影响群体行为和社会结构的形成。

理论在生命科学中的应用不仅加深了我们对生命复杂性的理解，也为新的科学探索和技术创新铺平了道路。从多细胞生物的演化到神经系统的进化，理论模型提供了一种框架，帮助我们理解生命的多样性、复杂性和演化过程。这些理论的进一步发展和应用将继续揭示生命科学的更多秘密，为生物技术、医疗和环境保护等领域带来新的突破。

**（二）理论指导下的新兴领域**

在生命科学领域，理论不仅帮助我们理解自然界的生命现象，还指导着新兴领域的研究和发展。系统生物学和人工生命与仿生学就是在理论指导下迅速发展起来的两个领域。这些领域的探索不仅拓宽了我们对生命本质的认识，还为未来技术的创新提供了理论基础。

**1. 系统生物学的理论基础**　系统生物学是一个旨在理解生物系统的结构和功能的整体性的学科，它依赖于多个学科的理论和技术，包括数学、物理学、计算机科学和传统的生物学。

系统生物学的核心理念是生命系统是复杂的、高度整合的网络,这些网络包括基因、蛋白质和其他分子之间的相互作用。这种整合性意味着理解系统的行为需要超越单一组分的分析,关注它们如何作为一个整体功能。系统生物学广泛应用动态系统理论来模拟和分析生物过程。相关理论使得研究者能够预测系统在不同条件下的行为,理解生物系统如何响应外部刺激、维持稳态或产生病理变化。

**2. 人工生命与仿生学** 人工生命(artificial life,ALife)和仿生学是探索生命原理和模拟生物系统的学科,它们试图通过人工方法重现或模拟自然生命过程和行为。

人工生命研究尝试在计算机模拟或物理机器中创建生命行为的特征,如自组织、进化和自复制。这一领域的研究不仅提供了探索生命本质的新途径,也推动了复杂系统理论和进化生物学理论的发展。仿生学则是从生物体的结构、功能和原理中汲取灵感,设计和创造新的技术和材料。它基于对生物适应性策略的深入理解,如通过模仿鸟类飞行的原理来发展航空技术,或者模仿植物的光合作用来开发高效的能源转换系统。

在这些理论指导下产生的新兴领域在科学上具有革命性意义,针对新兴领域的研究也为工程和技术的进步提供了新的思路和工具。系统生物学的理论基础使我们能够更全面地理解生命系统的复杂性和动态性,而人工生命与仿生学的研究则拓展了我们对生命可能形式的想象,并指导着新技术的创新发展。这些领域的深度探索将为未来的生物技术、医疗健康、可持续发展等领域带来深远的影响。

# 第二节 生命信息系统进化论的实践价值

生命信息系统进化论是一种综合性的理论框架,它将信息科学的原理和方法应用于生命科学领域,旨在深化我们对生命演化过程的理解。这一理论不仅丰富了生物学的理论基础,还可对科学研究和技术创新产生了深远的影响。

## 一、科学研究与创新

生命信息系统进化论为科学研究和技术创新提供了新的视角和方法。它通过分析生物系统中信息的流动、存储和处理机制,帮助科学家们揭示生物演化的内在规律和生态系统的动态变化。

### (一)理论研究的新方向

生命信息系统进化论推动了理论研究的新方向,特别是在生物演化机制和生态系统动态的研究上。

**1. 生物演化机制**　生命信息系统进化论将信息视为生命进化的核心要素,从而为理解生物演化机制提供了新的框架。在这一理论指导下,生物演化不仅被视为基因变异和自然选择的结果,还被理解为信息处理和交流能力的演化。

在生命信息系统进化论中,基因被视为携带和传递生命信息的基本单元。基因变异和重组过程不仅影响生物的遗传特性,也决定了信息在生物体内部和种群间的传递方式。生物的表型不仅是基因信息表达的结果,也是环境信息的集成体。生命信息系统进化论强调了环境与生物间信息交流的重要性,这种动态的信息交流过程对生物的适应性演化至关重要。

**2. 生态系统动态变化**　生命信息系统进化论同样适用于理解生态系统的动态变化。生态系统中的每一个生物都是信息的载体和处理者,它们之间复杂的相互作用构成了一个巨大的信息网络。

在生态系统中,物种间的相互作用(如捕食、共生、竞争等)实质上是一种信息交流过程。这些信息交流影响着物种的行为、分布和演化,进而决定了生态系统的结构和功能。生态系统的稳定性和功能依赖于信息的有效流动。生命信息系统进化论通过分析生态系统中信息的流动模式,帮助科学家理解生态系统如何响应外部变化,如何维持稳态或发生转变。

生命信息系统进化论的实践价值不仅体现在科学研究领域,还广泛应用于生物技术、环境保护、医学和公共卫生等多个领域。

在生物技术和基因工程方面,通过理解基因信息的传递和表达机制,生物技术和基因工程能够更精确地进行基因编辑,创造具有特定功能的生物体。在环境保护和生态恢复方面,生命信息系统进化论提供了一种新的视角来评估人类活动对生态系统的影响,指导生态恢复项目的设计和实施,以恢复和保护生态系统的信息交流和物种多样性。在医学和公共卫生领域,生命信息系统进化论的应用有助于理解疾病的遗传基础和传播机制,指导疫苗设计和疾病防控策略的制定。

总之,生命信息系统进化论不仅为我们提供了一种全新的视角来理解生命的本质和演化过程,也为科学研究和技术创新提供了强大的理论支持。随着这一理论的不断发展和深化,其在实践中的应用将更加广泛,对人类社会的贡献将更加显著。

**(二)应用研究的推进**

生命信息系统进化论不仅为基础理论研究提供了深刻支持,也极大地推进了应用研究,特别是在生物技术的创新和环境保护策略的制定方面。

**1. 生物技术的创新** 生命信息系统进化论对生物技术领域的影响尤为显著。通过深入理解生命信息的存储、处理和传递机制,研究人员能够设计出新的生物技术方法,实现对生物系统的精确操作和控制。利用锌指核酸酶技术(ZFN)、转录激活子样效应因子核酸酶技术(TALEN)、CRISPR-Cas9 等基因编辑工具,科学家们可以在分子层面上精确修改生物的遗传信息,治疗遗传病、改善作物品质或开发新的生物制药过程。通过理解蛋白质如何编码和执行生命信息,研究人员能够设计具有特定功能的蛋白质,用于药物开发、生物催化和新材料的制备。

**2. 环境保护策略制定** 生命信息系统进化论也为环境保护提供了新的策略和方法。理解生态系统中信息流动的方式有助于制定更有效的保护和恢复计划。通过分析物种之间的信息交互作用,科学家们可以识别生态系统中的关键物种和关键过程,制定针对性的保护措施,促进生物多样性的保护。利用对生态系统信息交流机制的理解,可以设计出促进生态系统恢复的方案,如通过恢复关键物种的引入或重建生态网络来恢复生态功能。

## 二、技术发展与应用

生命信息系统进化论的发展促进了生命信息技术的进步,特别是在生物信息学和合成生物学这两个领域。

### (一)生命信息技术的进步

生命信息技术的快速发展为理解和操作生命信息提供了强大的工具,特别是在生物信息学和合成生物学领域。

**1. 生物信息学** 生物信息学利用计算技术分析和解释生物数据,如基因序列、蛋白质结构和表达谱等。生命信息系统进化论为生物信息学提供了理论基础,使之能够通过比较不同物种的基因序列,研究其进化关系和功能演化。功能基因组学分析基因表达数据,理解基因功能和调控网络,揭示生物的生理和病理状态。

**2. 合成生物学**　合成生物学是一门新兴的交叉学科,旨在设计和构建新的生物系统或重新设计现有的生物系统,以执行特定的功能。生命信息系统进化论对合成生物学有较大的贡献。借助生命信息系统进化论的原理,合成生物学家可以设计新的基因回路,实现对细胞行为的精确控制。另外,通过理解生物信息的流动和处理机制,合成生物学能够重构生物系统,使之能够进行新的生物化学反应或生产新的生物材料。

总结来说,生命信息系统进化论不仅推动了理论研究的深入,也极大地促进了生物技术的创新和环境保护策略的发展。通过生命信息技术的进步,特别是生物信息学和合成生物学的应用,我们能够更深入地理解生命的本质,更有效地利用生物系统的潜能,解决人类面临的健康、环境和资源问题。

**(二)技术转化与社会影响**

生命信息系统进化论及其带动的技术进步正在深刻地改变医疗健康领域,并为绿色农业与环境保护提供了新的解决方案。这些技术的转化不仅优化了现有的工作流程,还在社会层面产生了广泛的影响。

**1. 医疗健康领域的变革**　生命信息技术的发展极大地推动了精准医疗的实现。通过分析个体的遗传信息,医生能够为患者设计更为个性化的治疗方案。利用生物信息学分析技术,可以在疾病发展的早期阶段进行诊断,甚至在症状出现之前通过基因风险评估进行预防。基于患者的基因信息,开发针对性的治疗方法和药物,极大提高了治疗的有效性和安全性。

**2. 绿色农业与环境保护**　生命信息系统进化论的应用也促进了绿色农业发展和环境保护的新策略。

通过基因编辑技术改良作物品种,提高作物的抗病虫害能力和适应性,减少化肥和农药的使用,实现可持续农业发展。另外通过应用生态信息学来理解和管理生态系统,保护生物多样性,能够实现生态系统服务的可持续利用。

## 三、教育与文化传播

生命信息系统进化论的发展和应用促进了教育体系中理论与实践的融合,以及创新思维的培养。

### (一)教育体系中的融合

在教育领域,生命信息系统进化论的理念和方法正在被整合到科学教育的各个层面,促进学生理解生命科学的深层次原理和应用。通过实验室实践和计算模拟等方法,学生可以直接参与到生命科学的研究中,加深对理论知识的理解和应用,实现理论与实践的结合。生命信息系统进化论鼓励跨学科思考,将生命信息系统进化论与其他学科知识结合,通过参与实际的研究项目,学生可以学习如何应用生命信息科学的知识解决现实问题,促进学生在生物学、信息科学、工程学等领域的创新思维和解决实践问题能力的培养。通过跨学科的教学方法和研究项目,教育体系鼓励学生发展创新思维,这对于应对未来社会的复杂挑战至关重要。

总之,生命信息系统进化论的发展不仅推动了科学技术的进步,还深刻影响了社会的多个方面,包括医疗健康、环境保护、教育和文化传播。通过这些技术的应用和推广,我们能够更好地理解生命的本质,提高生活质量,促进社会的可持续发展。

### (二)公众科普与意识提升

随着生命信息系统进化论及相关科技的快速发展,公众科普活动和媒体出版成为普及科学知识、提升社会整体科学素养的重要途径。

**1. 科普活动与展览** 通过举办互动性强的科普活动和展览,让公众直观地理解生命科学的最新进展和科技的应用,增加科学知识的趣味性和接受度。应用虚拟现实和增强现实技术制作科普内容,可以使观众沉浸式体验科学探索过程,更加生动地了解复杂的生命科学概念和技术。

**2. 媒体与出版** 利用电视、网络、社交媒体等平台广泛传播生命科学的知识,展示生命信息技术的最新研究成果和应用案例,提高公众的科学意识和理解能力。出版易于理解的科普书籍和杂志,详细介绍生命信息系统进化论和相关科技的原理及其对社会的影响,满足不同年龄和教育背景人群的需求。

## 四、社会决策与伦理道德

生命信息技术的快速发展对社会决策和伦理道德提出了新的挑战,特别是在生态环境保护政策和科技发展规划方面。

### (一)政策制定的指导

**1. 生态环境保护政策** 制定政策时需充分考虑科技发展对生态系统的长期影响,确保生物多样性保护和生态平衡。另外要实施可持续发展战略,推动绿色科技和清洁能源的应用,通过生态友好型技术解决环境问题,实现经济发展与环境保护的双赢。

**2. 科技发展规划** 在科技发展规划中,需要考虑伦理道德和社会价值,确保技术进步与人类福祉的长远利益相互契合。加强公众对科技政策制定的参与,提高决策过程的透明度和公众的知情权,促进社会对新技术的接受和理解。

生命信息系统进化论和相关科技的发展不仅在科学领域引发了变革,也对社会决策、伦理道德以及公众科学素养提出了新的要求。通过科普活动与媒体传播,可以有效提升公众对科技进步的认识和理解。同时,科技政策的制定需要考虑伦理道德,确保科技发展促进可持续发展和人类福祉。

**(二)伦理道德的考量**

随着生命信息系统进化论和相关科技的发展,伦理道德的考量成为至关重要的议题,特别是在生命伦理以及数据安全与隐私保护方面。

**1. 生命伦理** 生命伦理涉及众多复杂且敏感的问题,尤其是在使用先进生物技术时。在基因编辑的道德问题上,应考虑如何平衡基因编辑带来的巨大医疗潜力与可能的伦理风险,例如关于设计婴儿、遗传优化等议题。在创造或改变生命形式时,应考虑其对生态系统的潜在影响,以及这种技术的长远后果。

**2. 数据安全与隐私保护** 在生物信息学和相关领域中,数据安全和隐私保护尤为关键。随着遗传测序技术的普及,如何保护个人的遗传信息,防止其被滥用成为重要议题。在促进科学研究和医疗进步的同时,要注重数据共享与隐私权衡,需确保个人数据的安全性和隐私不被侵犯。

在生命信息系统进化论和相关科技迅速发展的当下,伦理道德的考量变得越来越重要。无论是在生命伦理方面,还是在数据安全与隐私保护方面,都需要综合考虑科技进步带来的利益与可能的风险,确保科技发展符合伦理标准,保障个人权益。

# 主要参考文献

在完成《生命信息系统进化理论研究》一书的过程中，著者参考了众多学术著作、研究论文和专业文献，在此一并表示由衷感谢。为尊重知识产权并向读者提供进一步阅读的途径，以下是为本书研究提供支持的部分关键参考文献列表。这些文献涵盖了进化生物学、信息论、生物信息学等领域的基础和前沿研究。

[1] 达尔文. 物种起源 [M]. 舒德干等, 译. 北京：北京大学出版社, 2019.

[2] 理查德·道金斯. 自私的基因 [M]. 卢允中, 张岱云等, 译. 北京：中信出版社, 2012.

[3] 杰拉德·巴特尔. 信息遗传学概论 [M]. 北京：世界图书出版公司, 2020.

[4] 金新政. 软科学教程 [M]. 武汉：华中科技大学出版社, 2009.

[5] 金新政. 现代医院信息系统 [M]. 北京：人民卫生出版社, 2009.

[6] 金新政. 理论信息学 [M]. 武汉：华中科技大学出版社, 2014.

[7] 金新政. 卫生信息系统 [M]. 2 版. 北京：人民卫生出版社, 2014.

[8] 金新政. 信息管理概论 [M]. 2 版. 武汉：武汉大学出版社, 2014.

[9] 金新政. 智慧医疗 [M]. 北京：科学出版社, 2021.

[10] 金新政. 智慧健康 [M]. 北京：科学出版社, 2021.

[11] 金新政. 智慧养老 [M]. 北京：科学出版社, 2019.

[12] Shannon CE. The mathematical theory of communication[J]. MD Comput. 1997, 14(4): 306-317.

[13] Orgel LE. Prebiotic chemistry and the origin of the RNA world[J]. Crit Rev Biochem Mol Biol. 2004, 39(2): 99-123.

[14] Lynch, M. The Origins of Genome Architecture. Sunderland, MA: Sinauer Associates, 2007.

[15] 蔡曙山. 生命进化与人工智能——对生命 3.0 的质疑 [J]. 上海师范大学学报 ( 哲学社会科学版 ), 2020, 49(3): 83-99.

[16] 金新政, 姜璐, 田爱景等. 理论信息学 : 信息时代中 "进化论" 的理论基础 [J]. 卫生软科学, 2005(6): 363-367, 382.

[17] 吴虎兵, 金新政. 智能设计理论在批评、打击和压制中成长 [J]. 卫生软科学, 2005(6): 374-376.

[18] 胡安娜, 金新政. 达尔文主义不是终极的进化理论 [J]. 卫生软科学, 2005(6): 377-382.

[19] 李芳, 金新政. 达尔文理论的历史和科学的局限性 [J]. 卫生软科学, 2005(6): 383-387.

[20] 王妍平, 金新政. 修正达尔文理论是发展科学, 不是反对科学 [J]. 卫生软科学, 2005(6): 388-390.

[21] 赵莉丽, 金新政. 智能设计理论提倡信息复杂性 : 不是伪科学 [J]. 卫生软科学, 2005(6): 391-393.

[22] 胡大琴, 金新政. 智能设计不是神创论 [J]. 卫生软科学, 2005(6): 394-398.

# 后记

自2002年起,我便开始着重研究"生命信息系统进化理论"这一命题,并在华中科技大学同济医学院的博士和硕士教学中讲授这一课题。从最初的好奇心到逐渐深入地研究,再到撰写《生命信息系统进化理论研究》这本书,是一段充满挑战和收获的历程。在这个过程中,我见证了生命科学领域的飞速发展,同时也深刻体会到跨学科合作在现代科研中的重要性。

## 1. 初衷与动力

当我在2002年开始这项研究时,生命信息系统的概念在学术界尚处于起步阶段。信息科学和生物学的交叉融合,为我们理解生命本质和演化过程提供了全新的视角。我的初衷是想通过深入研究生命信息系统的进化,揭示生物多样性的形成机制以及生命如何通过信息的传递和处理适应环境的变化。这个目标推动我不断探索未知领域,寻找连接生命科学与信息科学的桥梁。

## 2. 研究历程

在这一研究旅程中,我有幸与来自不同学科背景的杰出科学家合作,这些经历不仅拓宽了我的视野,也加深了我对生命信息系统复杂性的理解。通过对生命信息编码、传递和处理机制的研究,我们揭示了生命系统在遗传信息管理、疾病防治和生态系统维护方面的高度优化和智能化。

在华中科技大学同济医学院教学的这些年里,我努力将这些研究成果和理念传授给下一代科学技术人才。通过课堂讲授和实验室指导,我鼓励学生们采用跨学科的思维方式,培养他们在解决复杂生命科学问题时的创新能力。

### 3. 撰写《生命信息系统进化理论研究》

这本书的撰写,旨在将我多年来的研究成果和教学经验系统化和普及化。我希望这本书能够为生命科学领域的研究者、学习者以及对生命科学感兴趣的普通读者,提供一个关于生命信息系统进化的全面视角。在撰写过程中,我深刻意识到将复杂的科学理论和概念进行通俗化表达所面临的挑战,但这也正是这项工作的魅力所在。

### 4. 对未来的展望

随着基因编辑、合成生物学、生物信息学等领域的迅速发展,我相信关于生命信息系统进化理论的研究将会揭开更多关于生命起源、演化和未来发展的奥秘。未来,我期待看到更多跨学科的合作以及新技术在疾病治疗、生物多样性保护和生态系统管理等方面的应用。

此外,随着人类对生命科学知识的不断深入,伦理和社会责任的问题也愈发重要。我希望本书能够激发公众对科学伦理和社会责任的深入思考,促进一个更加负责任和可持续的科学研究环境。作为研究者,我们不仅要拓展知识的边界,更要关注我们的研究如何影响社会和自然环境,如何为解决全球性问题贡献力量。

### 5. 科学与教育的结合

在华中科技大学同济医学院的教学经历让我深刻认识到科学研究与高等教育之间的紧密联系。通过将最前沿的研究成果融入教学,不仅能够激发学生的学习兴趣和研究热情,还能培养他们面对复杂问题时的批判性思维和解决问题的能力。本书在某种程度上,也是我这些年教学理念和实践的一种体现。

### 6. 面对挑战

在这一研究领域中,我们面临着许多挑战,包括如何处理和分析海量的生物信息数据,如何在伦理和技术进步之间找到平衡以及如何加强不同学科之间的合作。这些挑战要求我们不断地学习新知识,探索新技术,并且勇于跨越学科边界。本书的撰写过程中,我尽力将这些挑战及其可能的解决方案呈现给读者,希望能够为未来的研究方向提供一些思路。

### 7. 感谢与致敬

在本书的撰写过程中,我得到了许多同行和学生的帮助和支持。他们的建议和反馈极大地丰富了书籍的内容,使其更加全面和深入。我也要感谢我的家人,他们的理解和支持是我能够持续进行这项长期研究的重要动力。

### 8. 结语

回顾这二十多年的研究和教学旅程,我为能够参与到这一激动人心的科学探索中深感荣幸。本书的出版,是我个人研究生涯的一个重要里程碑,但这仅仅是开始,我期待着生命信息系统进化理论在未来能够继续引领科学的发展,为人类社会带来更多的启示和益处。

生命信息系统的研究是一场漫长而复杂的探索,它需要来自不同领域的科学家共同努力,不断推进我们对生命奥秘的理解。我希望《生命信息系统进化理论研究》能够成为这一探索旅程中的一盏明灯,指引更多的研究者和学生走向科学的殿堂,探寻生命的真谛。

金新政于华中科技大学同济医学院

2023 年 12 月